环保产业与环保产业园发展模式研究

邬　娜　傅泽强　王艳华　等 著

中国环境出版集团・北京

图书在版编目（CIP）数据

环保产业与环保产业园发展模式研究/邬娜等著.
—北京：中国环境出版集团，2023.12
ISBN 978-7-5111-5620-4

Ⅰ. ①环… Ⅱ. ①邬… Ⅲ. ①环保产业—产业
发展—研究—中国 Ⅳ. ①X324.2

中国国家版本馆 CIP 数据核字（2023）第 181620 号

出 版 人 武德凯
策划编辑 周 煜
责任编辑 王宇洲 孟亚莉
封面设计 岳 帅

出版发行 中国环境出版集团
（100062 北京市东城区广渠门内大街 16 号）
网 址：http://www.cesp.com.cn
电子邮箱：bjgl@cesp.com.cn
联系电话：010-67112765（编辑管理部）
发行热线：010-67125803，010-67113405（传真）
印 刷 北京中献拓方科技发展有限公司
经 销 各地新华书店
版 次 2023 年 12 月第 1 版
印 次 2023 年 12 月第 1 次印刷
开 本 787×1092 1/16
印 张 11.5
字 数 240 千字
定 价 63.00 元

【版权所有。未经许可，请勿翻印、转载，违者必究。】
如有缺页、破损、倒装等印装质量问题，请寄回本集团更换。

中国环境出版集团郑重承诺：
中国环境出版集团合作的印刷单位、材料单位均具有中国环境标志产品认证。

著作委员会

主　任　邬　娜

副主任　傅泽强　王艳华

委　员　李林子　吴　佳　江　磊　刘兆香
　　　　李重阳　封　强　张晓敏

前　言

进入21世纪，伴随着我国环境保护和资源节约相关法律法规、标准、政策的完善，我国环保产业迅速发展，成为七大战略性新兴产业之一。环保产业园既是环保产业发展的重要载体，也是环保产业发展的重要加速器。

当前，我国环保产业的市场需求增加迅速，正处于产业生命周期中的成长期，集聚化发展成为一种重要的发展趋势。在创新日益成为一个国家、地区占领环保产业技术制高点，分享国际市场容量，提升国际竞争力的重要引擎的背景下，技术创新将成为未来推动我国环保产业又好又快发展的动力源泉，也是促进环保产业“走出去”，提升国际竞争力的有力保障。

本书针对当前我国环保产业园发展存在的散（分布）、小（规模）、低（技术）的现状问题，以推动我国环保产业及环保产业园健康发展为目标，以我国环保产业园为研究对象，系统剖析了国内外（大气）环保产业园发展现状与趋势，识别了环保产业集聚化发展的影响因素及驱动力，提出了相应的政策建议；解析了（大气）环保产业链结构，从技术创新效率、发展指数、专利角度评估了我国环保产业技术创新能力，针对环保产业链结构及技术创新方面存在的短板，提出了基于环保产业链结构的技术创新方向、技术创新链布局优化政策建议；从管理角度归纳总结了环保产业园发展模式，探讨了环保产业园建设、管理及国际化水平及其影响因素，借鉴国际经验，提出了我国环保产业园管理创新和国际化发展的政策建议；分析盐城环保科技城创新发展存在的问题，提出创新发展战略。

本书是在国家科技重大研发计划课题（课题编号：2016YFC0209207）资助下完成的研究成果。由于作者水平有限，书中难免会出现错误与不当之处，敬请广大读者批评指正。

作者

2022 年于北京

目 录

第1章　环保产业概述

1.1　环保产业定义与内涵

1.1.1　定义

20世纪70年代初，西方一些发达国家在污染治理、废物运输和处置、节能减排等方面已实现高度产业化，其产业被称为环境技术与废物管理产业、环境产业或生态产业等。国际上对环保产业称谓的不同，反映出各国在环保产业范畴和内涵的理解上存在一定差异。

环保产业的定义可分为狭义和广义两种。狭义上，环保产业的定义主要基于1992年经济合作与发展组织（OECD）对其的界定，主要是指终端控制、末端治理，具体是指在环境污染控制和减排、污染治理以及废物利用等方面提供产品和服务的行业，大多数欧洲国家采用狭义的环保产业定义；广义上，环保产业不仅包括狭义环保产业的内容，还增加了清洁技术、清洁产品和生态环境建设等内容。

我国对环保产业的界定主要基于其广义的含义，认为环境保护产业是以防止环境污染、改善生态环境、保护自然资源为目的所进行的技术开发、产品生产、商业流通、资源利用、信息服务、工程承包、自然保护开发等活动的总称；全国环境保护相关产业状况公报中进一步明确，环境保护相关产业是指国民经济结构中为环境污染防治、生态保护与恢复、有效利用资源、满足人民环境需求，为社会、经济可持续发展提供产品和服务支持的产业。

1.1.2　内涵

我国的环保产业经过40余年的发展，目前已形成了包括环境保护产品、环境保护服务、资源循环利用、自然生态保护、清洁产品等领域在内的环境保护体系。环保产业规模不断扩大，产品种类更加齐全，产业边界逐渐扩展，出现了环保产业内涵过于庞杂的问题。随着环保市场全球化、一体化趋势愈加明显，模糊的产业边界、产业范畴的差异将对环保产业数据的国际可比性产生阻碍。

纵观世界环保产业内涵的发展，环保产业的定义呈现由狭义向广义发展的趋势，并大致分为 3 个阶段。狭义上环保产业的核心是终端控制、末端治理，内容是环保产品生产及其相关的技术服务；扩展的环保产业不仅包括狭义的环保产业的内容，而且增加了清洁技术、清洁产品、产品的回收再利用等；最广义的环保产业以生命周期管理为主要内容，环保产业的边界几近消失，达到高度发达的生态文明阶段，环保产业已渗透到国民经济所有产业中（表 1-1）。

表 1-1　环保产业不同范畴的区别

范畴	核心	涉及行业
狭义的环保产业	末端治理	为污染控制与减排、污染清理及废物处理等方面提供设备和服务的行业
广义的环保产业	清洁生产	清洁技术、清洁产品、产品的回收再利用等渗透到制造业、能源产业等

由表 1-1 可知，现代环保产业的核心部分是以末端治理为主的狭义环保产业，随着科技进步，狭义的环保产业已经不能正确表达环保产业对产品生命周期全过程的控制；而广义的环保产业将外延扩展至制造业、能源产业等方面，涵盖了清洁技术、清洁产品、自然资源管理等所有以环境保护为目的的产业活动。因此，环保产业是一个多领域、跨行业、相互交叉和渗透的综合性产业部门，其主导产业功能属性为降低资源消耗、减少污染排放。

各国对环保产业的界定和分类千差万别，虽然环保产业的内涵界定、产业分类标准存在一定的差异，但环保产业作为全球范围内的“朝阳产业”，其高速发展引起了学术界的关注，对环保产业的发展现状和存在问题的研究也越来越多。本书采用的环保产业概念与全国环境保护相关产业基本情况调查以及《2011 年全国环境保护相关产业状况公报》（环境保护部公告 2014 年第 29 号）中的定义相同，即环保产业是指国民经济结构中为环境污染防治、生态保护与恢复、有效利用资源、满足人民环境需求，为社会、经济可持续发展提供产品和服务支持的产业。

1.1.3　类别划分

环保产业是一个与其他经济部门相互交叉、相互渗透的产业门类，基于不同的分类标准，划分为不同的类别。

国际上对环保产业的分类主要基于以下 3 个方面：

1）按照环境产品和技术的环境功能，可将环保产业分为自然资源开发与保护型、清洁生产型、污染源控制型和污染治理型环保产业 4 类，这种分类方式符合产品生命周期理论，分别对应自然资源开采、产品开发设计、产品生产和产品消费 4 个环节。

2）按照传统的产业分类标准，可将环保产业划分为 3 个类别：第一产业部门，包括自然资源管理、农林牧渔可持续发展等管理部门；第二产业部门，主要为污染防治设备的生产和制造部门；第三产业部门，主要是为环境保护提供技术、管理、设计、施工和监测等各种服务的部门。

3）按照环境要素，可将环保产业分为水及水污染物处理、大气污染防治、土壤污染修复、生物多样性保护、废物处理、环保服务、清洁生产及资源循环利用等类别。

OECD 对环保产业的分类主要是基于第三种，即按生产要素大致将环保产业分为水及水污染物处理、大气污染防治、土壤污染修复、废物处理处置、消除噪声、环境评价监测与应急、环境咨询与服务、清洁生产及资源循环利用 8 个类别。

欧盟环境货物和服务（EGSS）统计框架中，按产业属性将环保产业分为资源管理和环境保护两大类。其中，根据要素将资源管理分为 7 小类，即水体管理，森林资源管理，野生动植物群管理，能源管理，矿产资源管理，研发活动和其他自然资源管理相关活动；根据要素将环境保护分为 9 小类，即大气环境保护与应对气候变化，废水治理，废物治理，土壤、地下水、地表水保护与修复，噪声和振动削减，生物多样性与景观保护，辐射防护，研发活动和其他环境保护相关活动。

在进行环境保护活动统计时，大多数国家对环保产业分类的标准与 EGSS 统计框架类似，并在此基础上进行相应扩展（表 1-2）。

表 1-2 不同国家环保产业类别划分对比

狭义	德国	环保设备与用品；环保相关工程；与环保相关的服务
↓	美国	环保设备；环保服务；环境资源
↓	中国	环境保护产品生产；资源循环利用产品生产；环境服务；环境友好产品生产
广义	日本	环境污染防治；节能友好产品（全球变暖对策）；废物处理及资源有效利用；自然环境保护

1.1.4 属性和特征

从本质上讲，环保产业是以节约资源和能源、资源再生和环境质量管理为核心的生产活动和管理活动。它是为满足环境保护的需要而逐步发展起来的，除具有一般产业特征外，还具有自身属性和特征：

（1）逆向生产性

环保产业是针对环境污染和生态破坏提供相应的技术和设备，处理人类生产和消费过程产生的废弃物，改进对环境有害的生产流程和生产方式，建立循环经济模式，完全区别于物质生产领域其他产业只向自然界索取资源、不还原资源的性质。环保产业与一般工农业、消费服务业的行业性质是完全相逆的，具有逆向生产性。

（2）产业关联性

环保产业是跨领域交叉的新兴产业，通过与其他产业的依存和投入产出关系，可以带动相关产业的发展，如机电、钢铁、有色金属、化工、仪器仪表等行业是环保产业的支持产业，它们相互制约、相互促进。环保产业的发展为这些相关产业提供了新的发展机会，带动这些相关产业的技术升级及新兴产业的产生。

（3）政策引导性

世界上环保产业发展快的国家一般都有严格的环境法律和环境标准，实施这些法律、标准，带动环保产品的需求，把环保产业推向更高的水平。环保产业的市场实现是政府、企业保护环境的决心和意志的体现，是政府和企业经济支撑能力的体现，它只能随着国民经济的发展和企业经济效益的提高而逐渐完备，只能随着社会公众环保意识的提高而扩大，这决定了环保产业的发展是有限度的，是与社会发展水平相适应的。

（4）技术依赖性

环保产业属于技术产业，产业运行过程中对环境技术有高度的依赖性，如污染物成分的分析技术、污染监测技术、针对特定污染物的污染治理技术，以及清洁生产技术、资源循环利用技术、新能源开发技术等。环保技术的创新，决定了环保产业的发展需要将大量的资金用于环保技术的开发，这就需要政府一方面加大对环保科技创新的投入，另一方面要对私人投资于环保产业科技创新给予鼓励。

（5）准公共物品

环保产业产品分为具有私人物品的中间产品和具有公共物品的最终产品两大类。最终产品的环境资源由于其产权难以明确界定或界定成本很高，往往属于公共物品范畴。生态建设和环境保护是一种为社会提供集体利益的公共物品和劳务，它往往被集体加以消费。环保产品的使用和推广往往可以使公众普遍受益，所以，它是正外部性很强的准公共物品。

（6）社会公益性

环保产业具有显著的社会公益性特征。它所提供的产品，无论是公共产品、准公共产品还是公共服务，一般不为特定的对象、群体服务，它的服务对象是社会公众，对它的消费是一种非排他性的公共消费，任何人都可以享受到这种社会公共服务，或者都可以无偿消费这种公共产品。特别是在提供环境基础设施和公共环境服务的非竞争性和非排他性领域，环保产业的公共产品特征更加突出。因此，政府积极介入具有公益性的环境保护基础设施建设、环境污染综合治理、生态脆弱区修复、自然保护区保护等活动就成为应有之义。

1.2　环保产业园概念界定

1.2.1　产业园区

产业园区是由政府或企业为实现产业发展目标而创立的特殊区位平台，其类型包括高新技术开发区、经济技术开发区、科技园、工业区、金融后台、文化创意产业园区、物流产业园区等以及各地陆续提出的产业新城、科技新城等。

1.2.2　环保产业园

环保产业园则是围绕环保产品和环保服务形成的相关企业聚集区，也是环保技术产业化的载体，即环保产业孵化平台，是为特定区域内的环保企业提供良好的生产经营环境的平台。具体而言，环保产业园是由若干专门从事环保产业及其相关服务活动的企业及相关配套基础设施而形成的产业集中发展区。通过聚集大量环保企业或产业，使之成为产业集约化程度高、产业特色鲜明、集群优势明显、功能布局完善、资源利用率高、集中环保产业上下游产业链的区域有效载体。其中相关配套基础设施包括保障园区正常运行所必需的园区行政管理机构、金融、商业及生活服务、公共设施等。

环保产业园区的性质实质上是科技与工业的综合体。从研发角度来看，环保产业园一般都是依托研究机构建立，产学研紧密结合具有较强的科研优势；从资源共享角度来看，园区内聚集的大量节能环保企业，企业间的资源共享和联动发展，既减少资源浪费又节约运输采购成本；从产业链角度来看，上游的设备制造和下游的金融、法律、风险投资等的配套服务覆盖了整个产业链。

1.2.3　环保产业园类别

按园区主导产业划分，环保产业园可划分为以大气污染治理、水处理、资源综合利用、环保服务为主导产业的专业化园区。例如，大气环保产业园通常被认为是以大气环保产业为主导和重点发展方向的环保产业园，是为大气污染治理提供全产业链供给的创新综合园区，一般包括大气环保装备制造、大气环保产品生产以及大气环保咨询服务等产业类别，同时配套大气环保研发及大气环保产业孵化等功能。

第 2 章　国外环保产业发展述评

2.1　发展阶段划分

环保产业是伴随着人类追求工业文明向追求生态文明的整体转型而不断扩张和升级的，其发展可分为 3 个阶段：

(1) 起步阶段：环保技术化（20 世纪 60—80 年代）

随着世界发达国家工业经济的快速发展，资源开发利用程度不断增大，相应的工业污染物被大量排入环境，造成了严重的环境污染，发生一系列震惊世界的"环境公害事件"。例如，英国伦敦和美国多诺拉镇的烟雾事件，日本熊山县水俣镇的水俣病事件、爱知县米糠油事件等。这些公害事件涉及面广，危害性大，从而引起了人们的广泛关注，也直接促进了环境科学、环境技术和环保产业的产生和发展。

20 世纪 60 年代，最为突出的环境问题是大气污染和水污染。相应的污染治理技术和装备得到了发展和应用。其中，大气污染控制技术以简单的机械除尘为主；水污染控制则只限于一定数量的污水处理厂和土地处理系统。而固体废物处理，如城市垃圾处理多采用简单堆放、简易填埋的方式，部分采取露天焚烧的方法进行处理；工业固体废物处理利用的研究则刚刚开始。

20 世纪七八十年代，由于工业化国家经济的迅猛发展，以及城市人口的急剧增加，消耗了大量的资源和能源，也向环境中排放了大量的污染物。据估计，70 年代前后，全世界每年排入环境的 CO 和 CO_2 近 4 亿 t，废水为 6 000 亿～7 000 亿 t，固体废物超过 30 亿 t。此时，一些工业化国家意识到环境问题的严重性和紧迫性，开始着手从立法、管理以及环境工程等方面进行全面的污染控制。同时，许多国家纷纷加大了污染控制的投资力度，发达国家污染控制投资占 GDP 的比重为 1%～2%，发展中国家约占 0.5%。

随着对污染全面控制的加强，该时期已基本形成了涵盖污染控制技术、产品生产、工程治理、科研设计、咨询服务的产业体系。从业群体中，既有专营、兼营机构，又有跨国公司、大型专业公司及其分支，也有众多的中小企业。产品结构已覆盖了水、气、固体废物、噪声治理、环境监测等领域。

（2）成长阶段：环保产业化（20 世纪 80 年代末至 21 世纪初期）

20 世纪 80 年代末期以后，发达国家对污染的控制方法、技术和手段趋于基本完善和成熟。人们对环境的要求从早期的污染治理和控制，进一步发展为环境质量的提高。具体来说，是对清洁、优美、舒适的人居环境的追求。在此期间，出现了一大批新的研究成果和污染治理技术。污染治理的设备与技术已进入大规模装备与应用阶段。伴随着环境科学研究的发展和技术的进步，环保产业的结构也发生以下变化：产品结构由控制污染向预防污染转变，逐步实现废物减量化、无害化和资源化；大型企业比重小，中、小型企业比重大，大型企业多为兼营企业，中、小型企业多为从事技术研究与开发的专门机构；环保产业的就业人员数量呈总体上升趋势。OECD 国家中，美国、日本、加拿大、挪威等国的环保装备就业人员增长率为 3%～10.7%。

根据 OECD 的研究，20 世纪 80 年代以来，OECD 国家的环保产业一直以国民经济增长 2～3 倍的速度增长，甚至在经济不景气时期也是如此。20 世纪 90 年代以来，由于这些国家的生态环境破坏已基本得到控制，公众的环境追求与政府的环境政策导向开始发生变化，OECD 国家越来越重视环境安全技术与生态标志产品，洁净技术与洁净产品的相对重要性明显上升，进一步带动了环保产业中新一轮的技术创新。

（3）成熟阶段：产业环保化（21 世纪以来）

正如信息产业一样，环保产业具有很强的渗透性。环保产业的发展不仅催生新的产业活动，而且推动整个产业系统的不断环保化和生态化。主要体现在以下几个方面：环保装备制造推动产业系统生产流程的环保化，包括减量化、再利用和循环化；资源综合利用产业推动流量废弃物和存量废弃物的再利用；环保服务推动产业系统的流程和产品的清洁化，同时为产业废弃物处理和环保设施运营提供外包服务。

目前，全球环保产业贸易额在国际贸易中排名第 4，仅次于信息、石油和汽车行业的贸易额。2009 年，全球环保产业保持了稳定增长，全球环保产业规模达到了 6 520 亿美元。从产业结构来看，全球环保产业市场主要包括固体废物处理、废水和垃圾渗滤液处理、环境咨询、环境修复、能源、环境监测、清洁生产和大气污染防治等领域。其中固体废物处理和废水及垃圾渗滤液处理领域占 79%。

2.2 典型国家及地区发展概况

在全球环保产业结构中，美国、欧盟和日本占比超过 85%，在此对其环保产业现状做重点介绍。

（1）美国

环保产业发展阶段。美国环保产业兴起于国内环保需求（1970—1989 年），这一阶段环保企业年产值平均增长率达到 10%，是以各企业的环境治理需求为推动力，以污染控制、废物管理和治理产业为主。之后转向环保设备、技术、服务的出口，国内环保需求转变为高效绿色资源能源利用，高标准环保生产能力建设，年产值平均增长率降至 2%～3%，但总体来看，1970—1995 年，美国环保产业年产值平均增长率仍然达到 8%以上，属于快速增长的黄金期（图 2-1）。而在这一阶段（1970—1992 年），美国环保投资占 GDP 的比重总体维持在 1.5%～2%。在黄金期内，环保产业经历了由初期的污染治理行业向末期的高效绿色能源利用转变。在黄金期之后，环保产业的发展转向低速发展阶段，近年来美国环保产业增长率维持在 3%的水平。2015 年，美国环保产业市场规模为 2 006.2 亿美元；其中，环境保护服务是最大细分市场，2015 年占比达 56.4%，环保设备占 22.3%，环境资源占 21.3%。

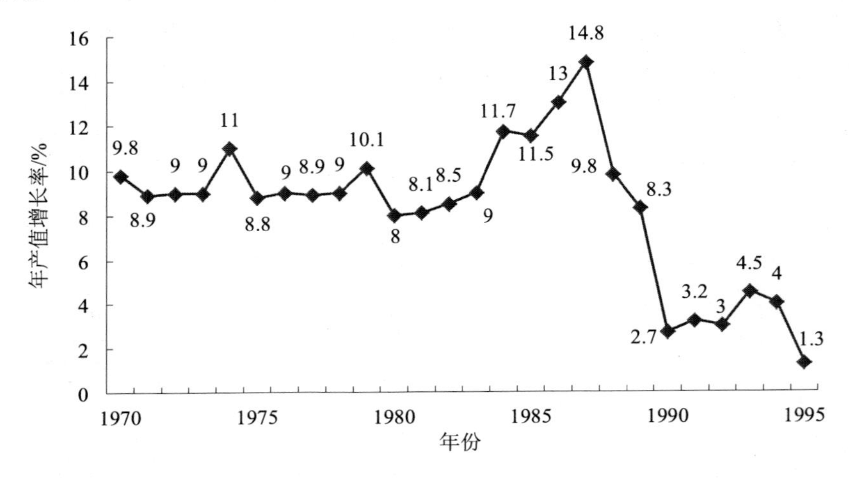

图 2-1　1970—1995 年美国环保产业年产值增长率

环保产业分布特点。从区域分布来看，加利福尼亚州、得克萨斯州、纽约州、宾夕法尼亚州、佛罗里达州、新泽西州、伊利诺伊州、路易斯安那州是美国环保产业产值名列前茅的州，这些州也由此成为美国环保产业的集聚区，产生了 Rentar、GE Energy 等全球领先的龙头企业。美国环保产业集聚产生了外部规模经济、竞争效益和创新效益，为环保龙头企业占据国际市场提供了良好的空间和资源支持。美国环保企业主要有两种形式：一类是市政当局与其他公共实体，主要负责提供饮用水、废水处理和固体废物管理；另一类是私人企业，主要从事污染补救、污染控制等业务。中小企业是美国环保企业的重要组成部分。

（2）欧盟

欧盟环保产业的发展起步较早，严格的环境规制、先进的环保技术、高水平的环保投入使环保产业发展迅猛，已经走过环保治理产业快速发展阶段，目前以专业化环保服务产业为主，环保产业已进入成熟期，并出现持续增长的势头。从 EGSS 对欧盟 28 国环保产业的统计数据来看，2005—2013 年，环保产业总产值占 GDP 的比重一直保持在 3%以上的水平，且该比重仍呈持续增长态势，截至 2013 年，总产值已超过 6 000 亿欧元（图 2-2）。

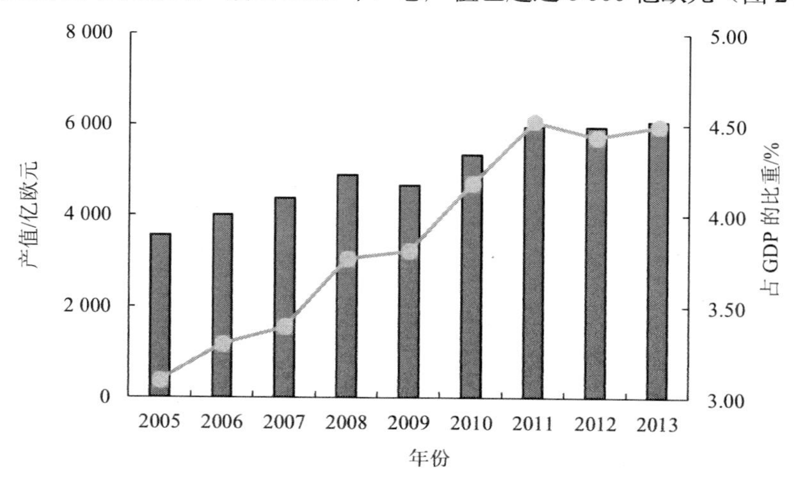

图 2-2　欧盟（28 国）环保产业总产值及其占 GDP 的比重

欧盟国家的环保产业已进入平稳发展期，主要表现为：环保装备向成套化、尖端化、系列化方向发展；环保产业倾向于源流控制和全过程管理，在新材料、新能源、生物技术和先进制造等方面取得了重要进展；逐步由污染治理向资源管理转变。以欧盟 28 国为例，环保污染处理技术已处于世界领先地位，进而向资源管理、清洁生产等方向发展，自然资源管理与清洁生产的产值快速增加，资源管理产值已接近环境污染治理产值的 3 倍（图 2-3）。

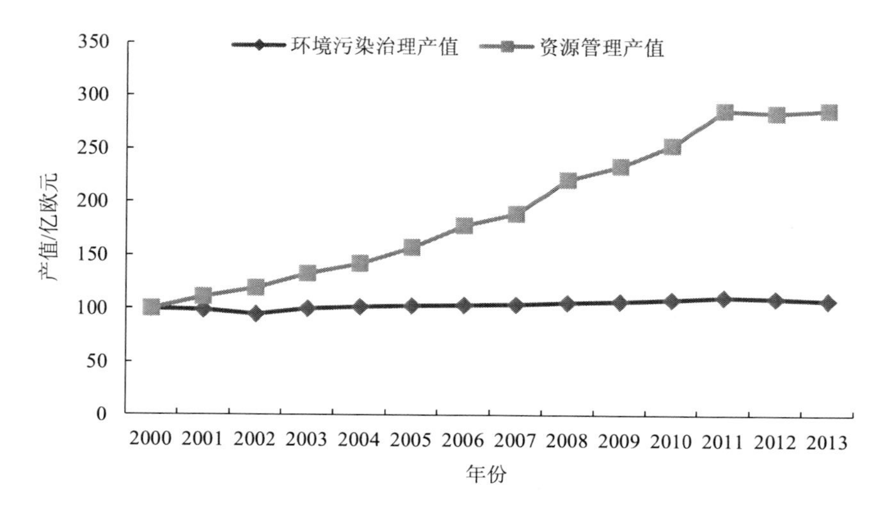

图 2-3　欧盟（28 国）环境污染治理和资源管理的趋势（以 2000 年为基准）

另外，欧盟发达国家不但工业化水平较高，而且与环境保护相关的法律法规体系建立也较完备，尤其是能源资源消耗、污染物排放和循环经济的标准体系，第三方监测机制以及谁污染谁付费的责任延伸机制日臻完善，规定了国家进行环境保护的基本制度和组织方法，对污染者或公共机构应采取的行动提出了严格的法律要求。政府往往对环保产业实施倾斜性的政策、法律与之相配套，如税收优惠、财政补贴、融资支持等配套措施，重视用经济手段激励产业的发展。

（3）日本

在日本，环保产业被称为“生态商务”或“生态产业”，其范畴具体包括有利于环境保护的各个生产过程及资源循环产业，见表 2-1。

日本的环保产业起步于 20 世纪 60 年代，在 90 年代发展迅速，在此之后，日本基本建成了覆盖整个国家的环保产业网络体系。大致经历了以下几个阶段：20 世纪六七十年代，进行工业源污染集中治理；八九十年代，进行生活源污染集中治理与提标改造；2000 年开始进行大规模集中建设期结束后的综合环境质量改善。1997—2006 年，仅 10 年时间，日本环保产业的产值增长 450 多倍，从 1 529 亿日元增长到 70 万亿日元，随之增长的还有环保产业的从业人员数，因此为日本带来了巨大的经济效益。日本环保产业已进入自律发展的阶段，同时也极大地推动了本国 GDP 的增长。

表 2-1　日本环保产业分类

类别	主要内容
降低环境负荷的装置及技术	公害防治装置及技术；节能装置及技术；利用自然能源的发电系统
环境负荷少的产品	减轻环境负荷的商品开发；家庭用节能技术开发及应用；废弃物回收、再利用技术及商品开发；低公害开发
环保服务的提供	环境影响评价；废弃物回收处理；环境监察技术，土壤、地下水污染净化技术的情报提供；环境管理、环境咨询；环境教育；环境金融
有关公共设施的技术、设备的配备	废弃物处理设施；节约能源、资源设备；绿化、造林事业；下水道整治；水域环境修复；确保人与自然接触的自然环境再生修复

目前，日本环保产业中资源循环产业产值占整个环保产业产值比重最大，约为 50%，碳减排行业产值增加速度最快，近 10 年以年均 1.5%的速度增长，而传统的污染治理行业正在衰退，在整个环保产业产值中的比重约为 15%。

2.3　启示与借鉴

当前，发达国家已处于后工业化社会，环保技术、环保产业处于领先、领导地位；而我国当前仍处于工业化初中期，产业结构重型化特征明显，污染情况复杂，环境治理任务艰巨，环保产业需求旺盛。尽管与发达国家背景不同，但其环保产业的发展经验仍有一定的借鉴意义。

（1）环境法规是环保产业发展的强制动力

发达国家通过了大量涉及水环境、大气污染、废物管理、污染场地治理等的环境保护法律及配套保障措施，环境政策法规体系相对完善；而我国环保产业起步较晚，产业发展的保障政策较为薄弱，配套激励措施相对滞后。

（2）环保技术与产品高科技化

经济、科技等方面的优势使得发达国家环境保护技术和设备的研发工作处于领先地位，发达国家的环保技术、环保设备正向深度化、尖端化方向发展，产品不断向普及化、标准化、成套化、系列化方向发展；同时，新材料、新能源、生物工程技术正源源不断地被引入环保产业。

（3）市场化程度高，竞争激烈

发达国家重视市场的力量，逐渐减少政府的财政负担，积极引进社会资本，带动环境保护设施的快速建设。目前世界环保设备和服务市场主要以美国、日本及欧洲一些发达国家为主，以污染控制设备为主体的环保市场经过 40 余年的发展日臻完善，逐渐向清洁产品、绿色产品方向发展，市场力量不容忽视。

第 3 章　国内环保产业发展状况

3.1　环保产业概况

3.1.1　发展阶段划分

我国环保产业起步于 20 世纪 70 年代初期。1973 年，全国第一次环境保护工作会议开创了中国环境保护事业，环保产业也应运而生。进入 21 世纪，国家进一步加大了环境保护基础设施的建设投资，特别是市政公用行业市场化改革以来，有力地拉动了环境保护产业的发展。我国环保产业的发展经历了计划经济时期、计划经济向市场经济过渡时期和市场经济时期等不同经济阶段，其发展历程分为以下 4 个阶段。

（1）萌芽阶段（20 世纪 60 年代中期至 1973 年）

20 世纪 60 年代中后期，我国在重工业城市开展了废水、废气、废渣治理工作。机械、冶金、建材、化工等行业开始引进国外的环保生产技术与设备，如除尘器制造技术、工业废水治理设备、噪声控制技术等，以满足各行业对环保设备的需求。同时，我国开始自行生产小批量的废水处理设备，噪声控制设备、材料的研究和试制也有了成果。但是，这一时期环保产业的内涵仅包括污染控制设备的研制、安装和运行服务，而且这些设备都是作为重点工程项目主体工程生产工艺本身的一个必要组成部分，并没有演变为独立存在的环保设备。

这一时期，我国还没有提出环境保护的概念，环保产业的概念自然也不存在。尽管如此，环保设备在生产过程中又是客观存在的，并在治理“三废”和废物综合利用过程中确实发挥了作用。

（2）初步发展阶段（1974—1989 年）

这一时期提出了环境保护概念，制定了环境保护政策纲领，明确了污染物排放标准的要求，1989 年颁布的《环境保护法（试行）》，促进了社会对环保产业的最终需求形成；环境投资渠道增加，环境投资力度加大，都推动了环保产业的产生和发展。

这一阶段的环保产业尚处于自发、无序状态，只是在执行国家政策、遵守环保法规、迫于政府命令的基础上被动地发展。产业市场狭小、技术落后，产业组织结构以及市场结构均不合理。到1985年，全国有近1 000家生产环保设备的厂家，他们作为我国环保产业的先驱，初步进入市场，为环保事业服务，为经济建设服务。其中，电除尘、袋式除尘、机械除尘、水处理技术与设备的研究和生产都达到了一定水平，噪声控制、固体废物的处理装置与技术也取得了很大进展，环境效益初步显现。这一时期被视为我国环保产业的起步阶段。

（3）快速发展阶段（1990—2000年）

进入90年代，环保产业发展成为我国促进环境与经济发展的十大对策之一。国家定期发布《当前国家鼓励发展的环保产业设备（产品）目录》，并给予环保产业减免税收等优惠政策，在这些政策的推动下，我国的环保产业得到了快速发展。1994年，《中国21世纪议程——中国21世纪人口、环境与发展白皮书》中，将发展环境保护产业作为我国实施可持续发展战略的重要内容。随着全国性的产业结构调整，环保产业逐渐成为热门产业，并且具备了一定的规模，逐渐发展成为我国一个独立的综合性新兴产业。

截至2000年年底，全国已有1万多家企事业单位专营或兼营环保产业，其中企业8 500多家，科研院所等事业单位1 500多家，职工总数180多万人，固定资产总值800亿元。2000年全国环保产业总产值1 080亿元，其中，环保设备（产品）产值300亿元，占27.8%；资源综合利用产值680亿元，占63.0%；环境服务产值100亿元，占9.2%。环保产业总产值占同期全国工业总产值的0.77%。

（4）全面发展阶段（2001—2018年）

这一阶段，我国坚持以市场为导向、以科技为先导、以效益为中心、以企业为主体的原则，强化了产业政策引导，培育了规范有序的市场，依靠先进的科学技术，加强对环保产业的监督管理，建立与社会主义市场经济相适应的环保产业宏观调控体制，为我国环境保护事业提供了稳固的技术保障和物质基础，促进了我国环保产业的健康有序发展，使环保产业成为我国国民经济新的增长点。

环保基础设施建设投资不断增加，环保法律法规、产业政策不断完善，有力地拉动了环保相关产业的市场需求，推动了产业总体规模的扩大。环保设备生产、资源循环利用、洁净产品、环境服务业、生态建设与恢复等各领域均得到了较快发展。

3.1.2　发展状况

（1）产业规模

在规划、政策及强有力的环境监管的引领和推动下，我国环保产业进入全面发展阶段，尤其是“十三五”期间，我国环保产业总体规模显著扩大，营业收入年增长率持续保持在15%以上，远高于同期国民经济的增长幅度（图3-1）。

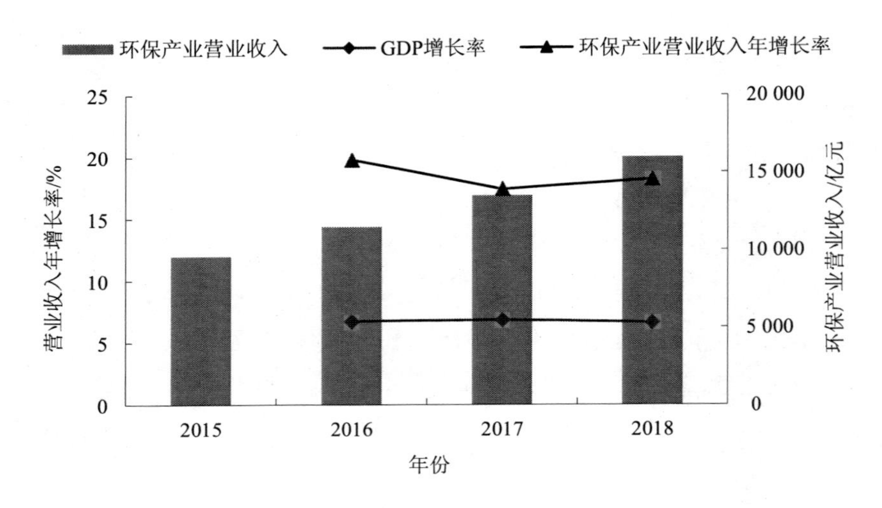

图 3-1 2015—2018 年环保产业营业收入情况

同时，环境污染治理投资保持持续稳定增长，投资额占国内生产总值比重长期保持在 1.5%左右，投资力度的不断增强为环保产业的持续高速增长奠定基础（图 3-2）。

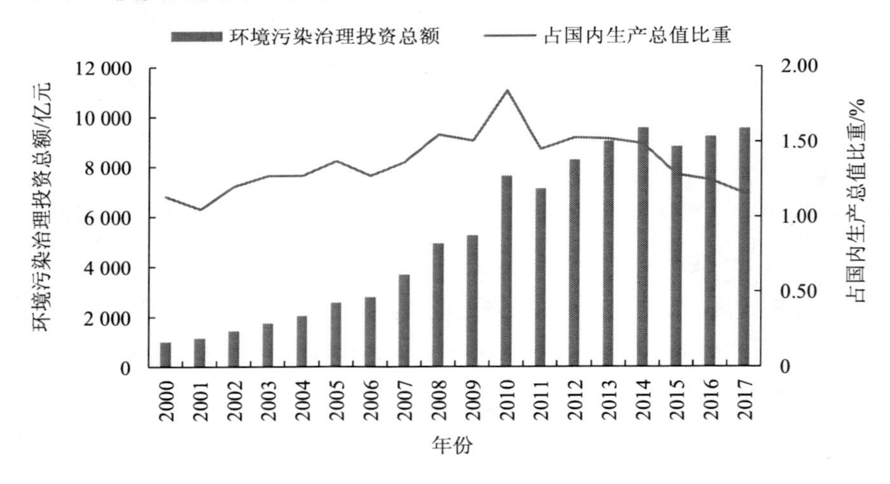

图 3-2 环境污染治理投资情况

环保产业的发展带动从业人员数量增长，列入统计的企业单位数从 2016 年的 6 566 个增至 2018 年的 9 285 个，从业人数由 2016 年的 31.41 万人扩大至 2018 年的 35.21 万人。环保产业营业收入占 GDP 的百分比已由 2004 年的 0.37%增长到 2017 年的 1.63%，对国民经济增长的直接贡献率从 0.3%升至 2.4%，我国环保产业正成为国民经济中最具潜力的增长点（表 3-1）。

表 3-1　2016—2018 年全国环保产业重点企业规模

年份	从业单位/个	从业人数/万人	营业收入总额/亿元	营业利润总额/亿元
2016	6 566	31.41	10 604.5	1 088.8
2017	7 095	29.25	11 681.4	1 237.0
2018	9 285	35.21	13 183.7	1 316.1

从企业数量来看，列入统计的环保企业相对集中分布在水污染防治、环境监测、固体废物处置与资源化、大气污染防治，这 4 个领域企业数量之和占比高达 93.03%，2018 年列入统计的企业数量相对 2016 年分别增长 23.75%、108.27%、28.38%、18.63%。各细分领域环保企业数量分布见图 3-3。

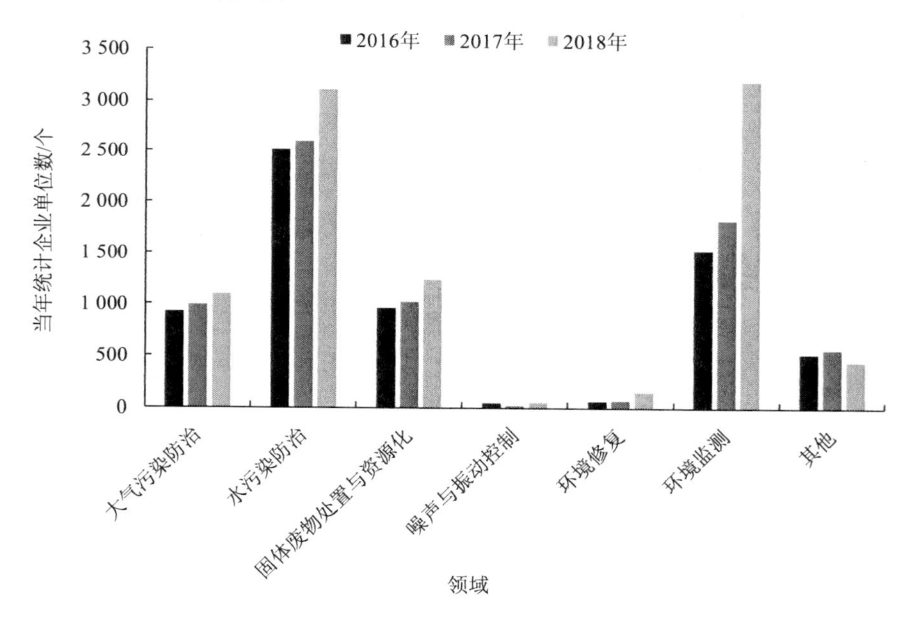

图 3-3　2016—2018 年列入统计的各细分领域环保企业数量分布

（2）产业结构

2018 年，环保产品生产和环境服务业营业收入约 1.5 万亿元，较 2017 年增长约 11.1%。2017 年下半年以来，在经济下行压力和市场流动性短缺的形势下，环保产业仍保持较高增速和一定的利润水平，整体发展势态良好。

其中，我国环境保护产业生产行业以大气污染防治设备、水污染防治设备为主，大气污染防治与水污染防治设备是现阶段我国环境保护产品生产的主要领域。其中，大气污染防治设备领域在从业单位数、产值、销售收入、销售利润方面的占比分别为 37.16%、36.60%、39.28%、26.83%，与水污染防治设备平分秋色，出口合同额的占比更是达到

56.41%，外贸优势明显，占据绝对主导地位，如图 3-4 所示。

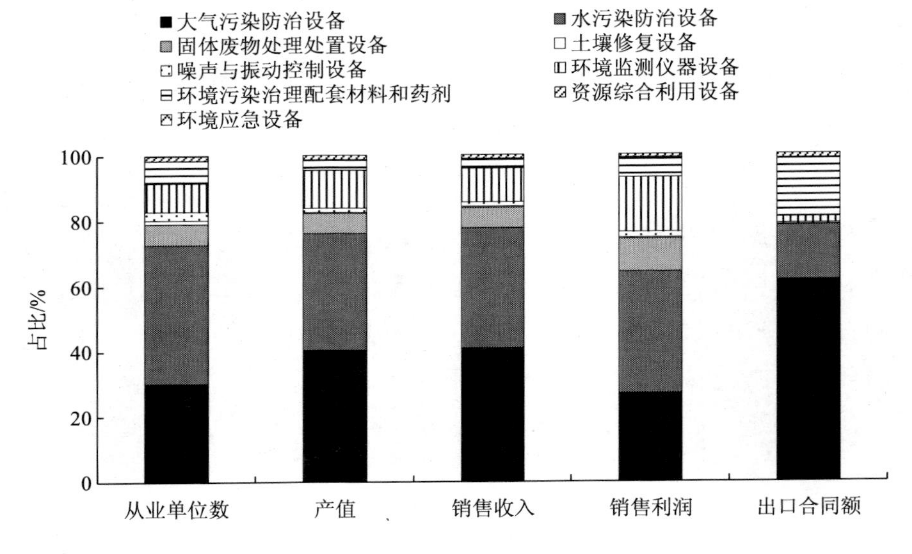

图 3-4　2018 年列入统计的环境保护产品经营情况

环境服务业包括水污染治理服务、大气污染治理服务、固体废物处置与资源化服务、环境修复服务、噪声与振动控制服务、环境监测服务以及其他服务。“十三五”期间，以第三方治理、综合环境服务、“环保管家”服务为核心的现代环境服务产业体系加速形成，产业结构得到快速优化。2015 年后，环境服务收入超过设备、装备、产品收入，至 2018 年，环境服务收入在环保产业收入总额中的占比约为 60%。

（3）产业布局

我国环保产业的分布与我国的经济发展空间分布呈现较高的吻合度，初步形成“一带一轴”的总体分布特征，即由环渤海、长三角、珠三角三大核心区域聚集发展起来的“沿海发展带”和东起上海沿长江至四川等中部省份的“沿江发展轴”。

总体来看，我国环保产业区域发展极不平衡。东部地区凭借其良好的经济实力、投资能力、外贸优势，抓住先机，在环保技术研发、环保项目设计和咨询、环保企业投融资服务等高端领域处于领先地位。中西部地区由于经济基础薄弱、资源和要素限制等，发展滞后且速度较慢，基本停留在环保装备制造业领域的发展。

2018 年，列入统计的企业有近半数集聚于东部地区，且主要分布在广东省、浙江省、江苏省和山东省，上述 4 省的企业数占东部地区企业数的 79.68%；从营业收入来看，东部地区企业所占比重最高，4 542 家环保企业的营业收入占比为 63.20%，超过了中部、西部和东北 3 个地区企业的营业收入总和。南方 16 省（自治区、直辖市）企业数量及营收总额远超北方 15 省（自治区、直辖市），69.6%的企业分布在南方 16 省（自治区、直辖市），其营业收入之和占全部企业营收总额的 62.3%，见图 3-5。

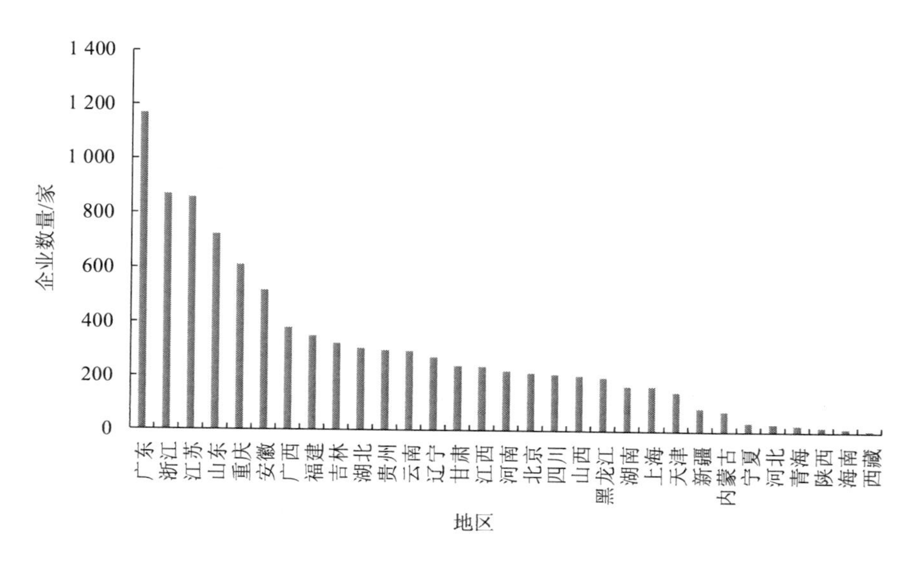

图 3-5　2018 年列入统计的环保企业数量的地区分布

3.2　环保产业园发展概况

3.2.1　发展历程

根据我国环保产业整体发展的阶段划分，同时综合考虑应对我国环境问题的产业需求，将我国环保产业园区的发展分为以下 3 个阶段。

（1）以水处理产业为核心的探索建设发展期（1990—1999 年）

在此阶段，我国环保产业刚刚起步，产业集聚还在摸索阶段，仅有宜兴市及沈阳市两地建有具备一定产业基础的环保产业园区或基地。结合我国提出“抓重点流域区域，以重点带全面”的污染防治工作思路，从该阶段开始重视水体污染防治，依托流域治理的水处理产品及成套装备市场需求较大，产业园区主营产业以水处理产业及其相关延伸服务业为重点发展方向，领域相对单一。

（2）水、气、固产学研一体化综合发展的快速建设期（2000—2010 年）

在此阶段，我国高度重视循环经济在国民经济发展中的作用，以天津子牙镇、北京朝阳区为代表的多个固体废物综合处理及资源化产业园区得到国家及地方政府批复建设，并形成了典型发展模式。以烟气治理为主营行业的环保产业园开始显现，如盐城环保产业园。随着“十一五”国家水体污染控制与治理科技重大专项的推动，水处理及污染防治类产业继续在园区建设中蓬勃发展。总体来看，该阶段应对各种环境介质污染防治的综合类环保产业园不断建立，园区朝着生产、研发及服务的多元方向发展。

（3）高标准节能环保产业园建设期（2011 年至今）

自“十二五”初期，节能环保产业被列为国家战略性新兴产业并形成专项规划以来，环保产业园的建设开始围绕节能产品、绿色清洁能源等领域发展，园区建设及产业发展日趋规范，技术革新速度加快，正朝着高标准、国际化的方向发展。主要代表园区有 2014 年成立的贵州节能环保产业园等。

从我国环保产业园的建设性质来看，第三阶段建设和成立的环保产业园一般都是依托于研究机构，产学研紧密结合，因此均具有较强的科研优势。从我国环保产业集群和资源共享角度来看，现有环保产业园区内均聚集了大量节能环保企业，企业间的资源共享和联动发展既能减少资源浪费，又能节约运输采购成本。从产业园自上而下和闭环产业链角度来看，上游的设备制造产业和下游的金融、法律、风险投资等的配套服务产业的有效耦合，贯穿覆盖了整个产业链，使得环保产业良性发展趋势明朗化。

3.2.2 发展状况

（1）国家级环保产业园区及基地

我国环保产业的发展带动和推进了我国环保产业园的建设和发展。1992 年我国第一个环保产业园区（中国宜兴环保科技工业园）经国务院批准成立之后，截至 2018 年，国家各部委在全国批准创建的国家级环保产业基地共有 3 家，国家级环保产业园共有 8 家，见表 3-2。

表 3-2　我国主要国家级环保产业园区及基地概况

区域	序号	名称	位置	成立时间	占地面积/km^2	特点	管理模式
东部地区	1	沈阳市环保产业示范基地	辽宁省沈阳市	1997 年 5 月	100	水处理成套设备开发生产试点	政府主导
	2	苏州国家环保高新技术产业园	江苏省苏州市	2001 年 2 月	0.388	国内首家国家级环保高新技术产业园，集环保载体建设和环保科技创新、公共服务于一体	企业化运行
	3	常州国家环保产业园	江苏省常州市	2001 年 2 月	10	中国环境保护产业协会指定的环保产业示范基地	企业化运行
	4	南海国家生态工业建设示范园区——华南环保科技产业园	广东省南海区	2001 年 11 月	35	集环保科技产业研发、孵化、生产、教育等诸多功能于一体的国家环保产业基地	政府主导
	5	大连国家环保产业园	辽宁省大连市	2002 年 3 月	5.06	东北地区第一个国家级环保产业园区	企业化运行

区域	序号	名称	位置	成立时间	占地面积/km^2	特点	管理模式
东部地区	6	济南国家环保科技产业园	山东省济南市	2003年3月	1	主要发展水资源循环利用、太阳能、风能、生物节能等新能源以及纳米等环保新材料等高科技项目	政府主导
	7	青岛国际环保产业园	山东省青岛市	2005年6月	3.34	我国第一家定位“国际”的国家级环保产业园区，也是第一家企业主导、著名高校参与、以循环经济概念为开发理念的环保产业园	企业化运行
	8	哈尔滨国家环保科技产业园	黑龙江省哈尔滨市	2005年2月	10	含环保清洁能源产品、环保新材料等六大产业群	政府主导
中部地区	1	武汉青山国家环保产业基地	湖北省武汉市	2002年6月	1.2	集科研、开发、投资、生产、展示和信息交流于一体，功能齐全，特色鲜明	政府主导
西部地区	1	国家环保产业发展重庆基地	重庆市	2000年8月	14.4	以烟气脱硫技术开发和成套设备生产为重点	政府主导
	2	西安国家环保科技产业园	陕西省西安市	2001年12月	5	以科技服务产业为核心	政府主导

从地域分布上看，我国11个国家级环保产业园区及基地有8个分布在东部地区，占比为73%，中部地区和西部地区分别分布有1家和2家，占比分别为9%和18%。中西部地区环保产业园发展和建设进度仍较为缓慢。11家园区中有7家为政府主导的管理模式，另外4家采用企业化运行的管理模式，采用企业化运行的园区均集中于东部地区，见图3-6。

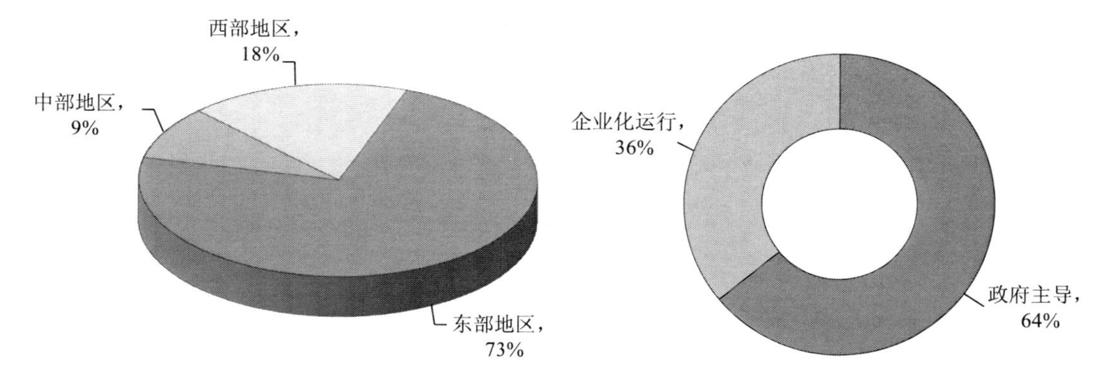

图3-6　我国主要环保产业园区分布特征

（2）地方环保产业园区

除国家部委批复的11个园区外，我国各地方也有部分园区发展势头良好，在某些产业领域特色鲜明，从表3-3可以看出，地方基础较好的园区主要集中在京津冀及其他东部经济发达的省市，均为地方政府主导的管理模式，中部、西部地区很少。

表 3-3　我国地方主要环保产业园区概况

序号	名称	位置	成立时间	占地面积/km^2	特点	管理模式
1	北京朝阳循环经济产业园	北京市	2002 年	0.195	集固体废物综合资源化处理、科研开发教育于一体	政府主导
2	中关村环保科技示范园	北京市	2004 年	3.60	集科研、中试、生产、商贸、技术交易、科普于一体的综合性园区	政府主导
3	天津子牙循环经济产业区	天津市	2007 年	—	目前我国最大的循环经济园区，以进口第七类废物拆解、再生资源利用、原材料深加工为主体的高标准环保型产业园区	政府主导
4	南京江南环保产业园	江苏省南京市	2013 年	6.02	以生活垃圾焚烧，危险废物、固体废物处理，再生资源利用以及环境服务业和绿色能源等产业为主	政府主导

3.2.3　存在的主要问题

（1）园区空间分布不均，发展规模受限

从空间分布来看，国内环保产业园区多数集中在东部沿海地区，呈现东强西弱的特点。这与影响环保产业发展的人才、技术、资金等因素在空间分布上不均衡有关。从环保产业园区规划和建设规模来看，大多数园区的规划面积小于 10 km^2。土地资源不足是最大的制约因素，这在一定程度上限制了园区的发展规模。

（2）园区缺乏差异化管理措施

全国环保产业园区呈现较高的同质化，导致园区发展特色不明。一方面，园区没有根据地方优势打造自己的特色，另一方面，园区在对不同类型、行业企业的管理上缺乏有针对性的差异化措施。半数环保产业园区名存实亡，运营不良，组织机构和政策支持体系不健全是造成园区发展停滞不前的主要因素之一。目前，国内只有宜兴、盐城等环保产业园区发展状态良好，在专业化及环保服务功能方面较为突出。

（3）园区低水平重复建设现象明显

多数园区尚未形成完整的环保产业链，且多数园区环保产业技术创新能力较弱，缺乏具有行业带动性、市场占有率较大的先进技术和产业。行业集中度低、产业层级不高，缺少龙头企业，企业规模较小且分散，低水平重复建设严重等是目前我国环保产业园区建设的基本态势。

第4章　环保产业集聚化测度与分析

4.1　环保产业集聚化研究进展

4.1.1　产业集聚化

（1）产业集聚概念

产业集聚概念是在西方国家工业化进程中不断总结归纳而提出的。最初的产业集聚概念和理论倾向于一种经济地理现象描述，将产业集聚定义为单一产业的集中。伴随着产业集聚理论的发展，产业集中的地理特性和产业的经济特征结合起来，将产业集聚定义为地理上接近且相互联系、相互影响的空间组织。从集聚的产业类型区分，产业集聚可以大致分为专业化集聚和多样化集聚两种。

Marshall（1590）基于英国工业的空间分布状况，首次提出了“产业区”的概念和理论，反映了“一业为主”的产业集聚概念，即专业化集聚。同质性较强的大量企业地理上的集聚形成“产业区”，可以形成地方化的外部规模经济，同产业的知识溢出和市场垄断更有助于企业的竞争力提升。Rosenfeld（1997）等也将产业集聚解释为一定数量的同类企业或机构集中于同一区域，相互之间产生协同效应，与内部企业的同质性强弱是外部企业能否进入“产业聚集区”的决定性因素。

Jacobs（1969）提出多样化集聚的概念，认为多样化集聚是不同产业或互补产业的地理集中，发现产业之外的知识溢出对产业的影响更为重要，互补产业间的知识共享更能促进产业发展创新，产业多样化集聚也更有利于区域经济增长。Porter（1999）也认为不同产业相互联系的企业和机构在地理上形成的集群能够促进生产力和创新能力，企业和机构间具有一定的共性和互补性，多样化产业集聚的实质更类似于创新集群的概念。王缉慈（2001）对产业集聚进行阐释，认为产业集聚是诸多地理上邻近且具有产业联系的企业和机构，产业集聚区域内部企业间具有产业联系，既可以是产业链上下游的投入—产出关系，也可以是非贸易的相互交流。聂鸣等（2002）也认为产业集聚区涵盖的产业类型往往跨越多个标准产业分类（SIC），包含传统产业、文化产业、高科技产业、服务产业等多个领域。

（2）产业集聚成因及驱动机制

19 世纪末，学者们开始对产业集聚现象进行探索，越来越多领域的学者投入对产业集聚理论的研究中。产业集聚的研究涉及地理学、经济学、管理学等多个学科和外部经济理论、工业区位论、增长极理论等多种理论。20 世纪 90 年代前后，涌现出许多产业集聚的经典理论方法，阐述了产业集聚的成因与驱动机制，对近年来产业集聚的研究影响至深。

早在古典经济学时期，就有诸多学者开始关注产业集聚现象，对集聚经济问题进行描述，并探究集聚经济的成因。Marshall（1590）开创性地提出了“外部经济”和“规模经济”的概念，指出规模效益和外部经济是产业集聚的内在动因，对后续的研究产生了重要的启示作用。

在新制度经济学领域，主要用交易费用理论解释产业集聚现象的成因。该理论认为一定区域内企业和机构的集中导致信息不对称程度降低，交易费用也会削减。通过细分交易费用的种类和影响因素，发现产业集聚可以降低交易过程中的机会成本和交易环境的不确定性，削减交易费用。

新经济地理学思想中，加入了更多经济学术语和经济学建模来分析产业集聚的规律。Krugman 等（1995）在垄断竞争模型的基础上对产业集聚的影响因子进行研究，认为运输成本、企业的规模效益递增、生产要素集中是产业集聚的关键，并认为产业集聚具有一定的“路径依赖性”，产业集聚区的初始优势具有一定的偶然性。有学者发现规模报酬递增和产业政策调整是促成产业布局空间差异的重要原因。殷广卫（2009）阐释了产业集聚机理，并从新经济地理学的角度将其应用于解释我国“东强西弱”的基本格局。

产业区位理论从企业选址角度对产业集聚问题进行了解释。Weber（1929）在《工业区位论》中从工业区位选择的角度提出了集聚的概念，认为距离自然禀赋、市场等的运输成本是决定产业是否集聚于同一地理区域的关键因素，并提出了集聚经济的概念。我国学者陈振汉等（1982）发现生产成本的降低或经济效益的增加是产业集聚的重要原因，并从基础设施服务、关联产业服务、劳动力市场、原材料市场等角度探究了工业企业的集聚现象。

增长极理论也经常被用来解释产业集聚现象。Perroux（1950）的增长极理论认为，具有推动性的企业入驻某地区后，将产生新的增长中心，带动该区域内的产业集聚，推动整体区域的经济增长。增长极从地理学角度认为其实质上是产业在空间上的布局集中，集聚区的空间再组织过程是扩散—回流过程。增长极理论与产业扩散效应理论相似，但后者更注重主导产业对产业区后向产业的带动作用。增长极理论对中国、巴基斯坦等发展中国家的区域经济发展和产业发展规划产生了显著的影响。

产业集聚区内的企业和机构之间往往是竞争对手，也是合作伙伴。Porter（1999）从竞争角度探究产业集聚的成因，认为企业竞争导致了产业集聚，同时产业集聚也将提高该地区的竞争力，并提出了生产要素、需求水平、相关产业和产业结构、战略与竞争 4 个要素组成的“钻石模型”。企业间竞争合作关系角度认为企业间互为竞争对手，又通过生产、市场、基础设施、声誉等方面的合作提高产业区的竞争力，提高产业区集聚水平。

专业分工也是导致产业集聚的重要因素之一。马克思（2001）在《资本论》中阐述了劳动分工使得一定的产业坐落于一定的范围内，并导致生产效率的提高，获得规模效益。杨小凯（1998）、汪斌等（2005）认为产业内部的分工合作、生产专业化是产业集聚的重要驱动力，产业集聚又对劳动分工和生产专业化的效率产生了促进作用，使内部交易费用大大降低。

在当今全球化的浪潮中，贸易成本降低与经济全球化对产业集聚的影响也受到了学者们的关注。钱学峰等（2007）、贺灿飞（2009）认为全球化的贸易市场是我国制造业在东部沿海地区集聚的主要因素，外国资本也影响了我国的部分产业向某些特定区域集聚。此外，我国学者对产业集聚中政府政策主导作用的研究也相对较多。

产业集聚现象已经越来越引起国内外学者专家的重视，产业集聚化发展可能带来知识共享、产业创新、规模效益、成本降低、集聚内部企业竞争力增强等诸多优势，产业集聚化发展的概念在不同地区得到了不同程度的应用。我们有必要探索有哪些产业部门适合集聚化发展，并考察环保产业是否能够适用产业集聚化发展的道路。

（3）产业集聚实证研究

21 世纪以来，学术界对产业集聚的研究主要集中在运用数学模型和实际案例进行实证分析。

就研究对象而言，前期产业集聚的实证研究对象大多为国民经济统计分类中的行业，以制造业、高新技术产业、旅游产业等为主。“第三意大利”劳动密集型加工工业集群、硅谷计算机产业集聚、美国生物制药产业集群、得克萨斯州旅游业集聚等的实证研究中，对产业集聚程度、集聚成因等都进行了深刻探讨。我国学者对我国制造业的集聚特征、集聚机制、存在问题等方面也进行了深刻探讨。近年来，对文化产业、体育娱乐产业、环保产业等新兴产业的研究热情高涨。较为典型的好莱坞电影产业集聚内部企业专业化分工明确，具有稳定的合作模型，共享收益，共担风险；还有对多伦多电影产业、曼彻斯特音乐文化区等其他文化产业先进经验的实证研究；对我国北京南锣鼓巷艺术区、北京 798 艺术区、南京“晨光 1865”创意产业园区等国内的文化产业园区的研究指出，政府的引导和企业间合作等方面需进一步加强。

就研究范围而言，之前的研究更偏向于地区、省、国家甚至世界层面的产业集聚。国外产业集聚的实证研究中，意大利加工工业集群、德国医疗设备产业集群、美国生物制药产业集群、欧洲集群合作网络、全球高新技术产业集聚区等的研究相对较多。同时，我国学者对油气勘探产业、制造业、浙江小商品产业等进行了实证分析，探讨产业集聚的特征、形成动力与发展趋势。近年来，不同地区产业集聚驱动因素千差万别，针对微观层面尤其是城市内部产业集聚的研究越来越多。黄孟强（2011）、薛东前等（2015）分别对九江市金融产业、西安文化产业进行了集聚评价体系构建与集聚问题识别，提出因地制宜的对策建议。袁海红等（2014）、李佳洺等（2016）针对北京市、杭州市微观企业数据探索了企业规模对空间集聚趋势的影响。

就研究方法而言，前期关于集聚机制的定性研究较多，对产业集聚的研究主要采用简单的区位熵、H 指数、基尼系数等测度地理集中度的方法。目前，对产业集聚的测度和评价中，E-G 指数、DO 指数等方法对数据要求高，计算相对较复杂，更清晰地反映产业集聚与创新、增长等的关系，Moran's *I* 指数和 G 统计量等空间计量方法也更直观地表现分析结果。以制造业为例，徐康宁等（2003）、罗勇等（2005）利用集中度、基尼系数、H 指数等指标，对我国制造业集聚特征进行实证研究，发现制造业在东部沿海地区已显现出较强的集中性。后续对制造业的研究中，路江涌等（2006）运用 E-G 指数研究我国制造业聚集的微观基础，重点探索了产业集聚与经济增长、产业创新等的关系。研究方法的优化改进，为后续环保产业集聚化发展的测度研究提供了借鉴。

4.1.2 环保产业集聚化

21 世纪初，国外学者认为环保产业适用于集聚化发展道路，并可以带动集聚区的产业创新。Honkasalo 等（2005）认为环保产业集聚的驱动力主要与研究院所及高校的科研支持、政府专项扶持政策、专业化服务部门的出现相关，并强调集聚区域内部企业、机构间沟通网络对技术创新能力有非常重要的作用。Poikela 等（2006）调研了奥卢省废物再生利用产业集群的形成和发展，发现环境法规在环保产业集聚驱动力中发挥重要作用，集聚化发展对环保企业创新能力的提高具有积极作用，产业区企业间的竞争合作能力增强。Røyne 等（2015）以瑞典化学产业集群为案例，采用生命周期评价法探究产业集群层面的环境保护战略，发现集群必须集中在整个价值链，以追求生产可持续产品为目标施行清洁生产战略，内部上下游企业相互合作以改善环境绩效。

随着我国环保产业在环境污染防治、生态环境保护、资源循环利用等方面战略地位的不断提高，有关环保产业集聚及环保产业园区的学术研究引起了国内学者的重视。冯慧娟等（2016）讨论了我国环保产业的空间布局，认为环保产业集聚化和园区化发展是加快环保产业快速发展的重要方式，认为环保产业集聚区的发展基础、产业优势、政策导向存在差异，应根据区域差异和自身优势发展高端环保产业。牛桂敏（2002）、刘嘉等（2011）认为环保产业是政策依赖性较强的产业，围绕政策法规方面提出了一系列促进环保产业集聚化发展的相应建议，利用经济政策引导环保产业市场化，完善社会政策引导环保产业市场需求。李碧浩等（2012）认为环保产业的主要驱动力是客户需求、信息共享、产业创新和协同服务，不同集聚区驱动力的作用方式不同，形成了 4 种环保产业的集聚发展模式，分别为核心客户带动模式、龙头企业带动模式、整体品牌塑造模式和知识共享模式。付永红（2011）、陈旭（2013）探索了环保产业集聚绩效的评价方法和影响因素，得出了影响环保产业集聚绩效的基本因素及其集聚绩效的形成机制，并通过宜兴环保产业园进行了实证分析。

不少学者针对不同的环保产业集聚区进行实证分析，发现不同地区环保产业发展特征、专业优势，环保产业集聚化发展方向也存在差异。王伟林（2005）、黄静晗等（2005）针对福建省环保产业的集群化发展进行探索，认为环保产业是一种基于传统产业的高新技术产业，福建省环保产业集聚发展应以大中型企业为主导，并建立多元化的投融资渠道。汪秋明等（2011）针对江苏省宜兴市环保产业的发展模式与集群模式进行评价，认为宜兴市环保产业集聚以市场和政府为主导，目前正处于成长阶段，政策保障、基础设施服务等方面达到了较高水平，但创新能力不足、企业关联不受重视等问题仍然存在。

4.1.3　研究进展述评

产业集聚现象已经越来越引起国内外学者专家的重视，产业集聚化发展可能带来知识共享、产业创新、规模效益、成本降低、集聚内部企业竞争力增强等诸多优势，产业集聚化发展的概念在不同地区得到了不同程度的应用。环保产业集聚化发展有助于产业创新，有助于生态环境保护和污染防治，同时产业集聚带来的规模效应也将为地区经济发展带来新的活力。

总体来看，有关环保产业集聚化相关研究成果较少，仅有的研究以定性研究居多。在探讨环保产业集聚化水平测度及调控对策问题时，需要立足于产业经济学的基础理论，从产业发展现状、产业发展驱动力着手，从产业的市场需求、科技发展水平等多个角度探索调控路径。

4.2　环保产业集聚化测度与分析

4.2.1　测度方法

（1）空间基尼系数法

产业发展的空间非均衡性可以通过行业集中度、区位熵、H 指数和空间基尼系数等进行测度。其中，空间基尼系数可选取多样化指标，直观地体现了特定地区的一种经济集聚或扩散趋势，已有不少学者运用空间基尼系数的概念探究产业的空间非均衡性。

国外学者强调了基尼系数与普通比率法之间的重要联系和区别，将其应用到渔业、旅游业、高速公路网络的空间分布均衡性的测度，更将基尼系数的含义扩展到产业污染物排放管理、生态环境观测和资源利用。

国内不少学者对基尼系数的具体计算方法作了探索。大多数学者将其用于测度农业、制造业、旅游产业等的空间分布均衡性和空间布局均衡性，但对产业空间非均衡性的测算是利用产值、从业人数、从业单位数等总量指标，这些指标的缺陷在于没有考虑地区经济环境的差异。

本章采用基尼系数测算不同时期环保产业投资和环保产业收入的空间均衡性时，将环保投资与环保收入进行相对数值的处理。基尼系数计算方法如下：

$$\text{Gini} = \frac{1}{2n^2\overline{Y}}\sum_{j=1}^{n}\sum_{i=1}^{n}|Y_j - Y_i| \tag{4-1}$$

式（4-1）中，Gini 为基尼系数；Y_i 为 i 省级行政单位环保产业投入水平、产出水平或投入产出效率；$\overline{Y}$ 为全国省级行政单位环保产业投入水平、产出水平或投入产出效率的算术平均数；n 为省级行政单位的个数。

基尼系数的含义通过洛伦兹曲线进行表示（图 4-1），曲线的弯曲程度表明了环保产业投入水平、产出水平及投入产出效率的均衡程度。洛伦兹曲线弯曲程度越大，说明产业的不均衡程度越强。

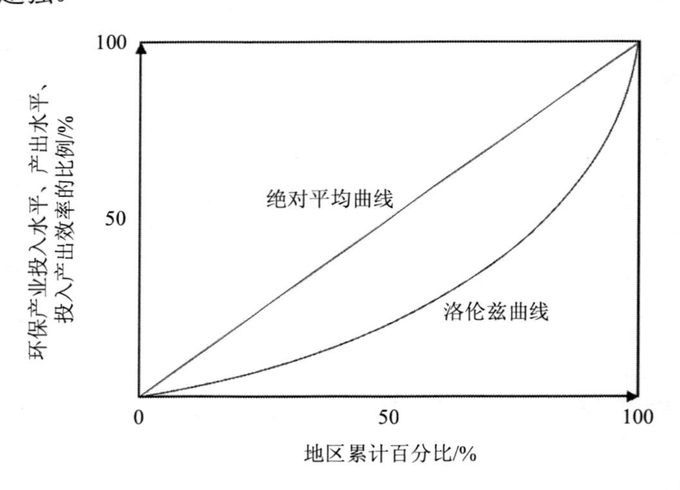

图 4-1 基尼系数的含义

图 4-1 中的横纵轴均为累计百分比，洛伦兹曲线上任一点的含义为某一百分比的地区环保产业投入水平、产出水平及投入产出效率的累计百分比。当环保产业的发展为绝对均衡状态时，洛伦兹曲线应为绝对平均曲线。

基尼系数的结果介于 0～1，基尼系数越小表示地区间差异越小，反之，基尼系数越大地区间差异越大。同时，国际上往往将 0.4 作为均衡性的分界点，即 0.3～0.4 为相对合理区间，0.4～0.5 为地区间差异较大区间，基尼系数大于 0.5 则为极不均衡的区间。

（2）空间自相关分析法

基尼系数仅通过数据确定了产业的集聚程度，并没有分析产业集聚发生在何处。空间自相关分析的目的是确定产业是否在空间上相关，并将产业的高值集聚区、低值集聚区和异常值区进行表征。如果产业特征随着空间距离接近而变得相似程度增大，则为空间正相关；若产业特征随空间距离接近而变得性质相异，则为空间负相关；若产业特征不表现出任何与空间距离相关的属性，那么，这一变量表现出空间不相关性或空间随机性。

Moran's I 是常用的空间自相关分析方法，表示局部区域的自相关水平。通过将全国各省级行政单位的环保产业投入水平、产出水平、投资效率进行计算，每个省级行政单位环保产业投入水平、产出水平、投资效率将得到 3 个属性值，即局部莫兰指数、Z 值和 Lisa 值。

局部莫兰指数的计算公式如式（4-2）所示：

$$I_i = \frac{x_i - \bar{X}}{S_i^2} \sum_{j=1, j\neq i}^{n} w_{i,j}\left(x_j - \bar{X}\right) \tag{4-2}$$

式（4-2）中，x_i 是省级行政单位 i 的投入水平、产出水平、投资效率；$\bar{X}$ 是投入水平、产出水平、投资效率的平均值；且 $w_{i,j}$ 是省级行政单位 i 和省级行政单位 j 之间的空间权重；n 为省级行政单位的个数。并且式（4-2）中 S_i^2 计算方法如式（4-3）所示：

$$S_i^2 = \frac{\sum_{j=1, j\neq i}^{n} w_{i,j}(x_j - \bar{X})^2}{n-1} \tag{4-3}$$

空间自相关分析中的 Z 值计算方法如式（4-4）所示：

$$Z = \frac{I_i - E\left[I_i\right]}{\sqrt{V\left[I_i\right]}} \tag{4-4}$$

式（4-4）中 $E\left[I_i\right]$ 与 $V\left[I_i\right]$ 计算方法如式（4-5）、式（4-6）所示：

$$E\left[I_i\right] = -\frac{\sum_{j=1, j\neq i}^{n} w_{i,j}}{n-1} \tag{4-5}$$

$$V\left[I_i\right] = E\left[I_i^2\right] - E\left[I_i\right]^2 \tag{4-6}$$

Lisa 值为标准化的属性值与滞后值的乘积，如果为正值则为聚集，为负值则为异常。滞后值为邻接单元属性值的加权平均。

通过局部莫兰指数、Z 值和 Lisa 值的符号，可将各省级行政单位分为 HH 区、LL 区、HL 区、LH 区和不显著区。HH 区为高值集聚区，LL 区为低值集聚区，HL 区为高值被低值包围区，LH 区为低值被高值包围区。

4.2.2 测度指标选择

（1）环保产业投入水平

王金南等（2009）、吴舜泽等（2009）认为环保投资与固定资产投资、GDP 等经济指标存在长期均衡关系，因此本章将采用环保产业投资强度即环保投资占固定资产投资的比重作为衡量环保产业投入水平的指标，保证指标的稳定性。

环保产业投入水平的测算指标如式（4-7）所示：

$$\text{环保产业投资强度} = \frac{\text{环境治理投资当年完成额}}{\text{全社会固定资产投资额}} \tag{4-7}$$

我国的环保产业投资结构主要包括环境基础设施建设和治理工业污染源投资，主要投资形式为固定资产投资。环境治理投资当年完成额表征环保产业投资水平，环保产业投资占全社会固定资产投资的比重代表环保产业投入水平，它反映了社会投资结构和社会投资意愿。

（2）环保产业产出水平

环保产业是新常态下新的经济增长点。一个地区环保产业营业收入占 GDP 的比重可视为该地区环保产业对经济增长的贡献度，可作为测度环保产业产出水平的重要指标。

环保产业产出水平的测算指标如式（4-8）所示：

$$\text{环保产业收入贡献率} = \frac{\text{环保产业营业收入}}{\text{GDP}} \tag{4-8}$$

环保产业营业收入可表征环保产出量，占 GDP 的比重越大，表明环保产业在国民经济中所占份额越大，其对经济增长的贡献率越大。环保产业收入贡献率的大小体现了产业结构的变化，与经济社会发展水平、政策支持、环保科技进步等因素相关。

（3）环保产业投资效率

环保产业投资效率是环保产业产出与环保产业投入的比率。本章采用环保产业营业收入与环境治理投资当年完成额的比率作为评价指标。

环保产业投资效率的测算指标如式（4-9）所示：

$$\text{环保产业投资效率} = \frac{\text{环保产出}}{\text{环保投入}} = \frac{\text{环保产业营业收入}}{\text{环境治理投资当年完成额}} \tag{4-9}$$

环保产业投资效率是环保投资收益与环保投资额的比率，即单位投资的营业收入，可以反映环保投资的经济效果。环保产业投资效率越大，环保产业投资带来的经济收益越大，对经济增长的贡献越大。它往往受环保科技进步水平、产业景气周期等因素的影响。

（4）数据来源

环境污染治理投资当年完成额和环保产业营业收入的数据来源于 2000 年、2004 年和 2011 年全国环境保护及相关产业基本情况调查，全社会固定资产投资额与 GDP 的数据来源于同期的《中国统计年鉴》。其中，西藏、香港、澳门、台湾等地区数据不完整，未计算在内。

4.2.3　测度结果分析

（1）基于投入的环保产业集聚化水平

环保产业投资强度基尼系数的测算结果表明，2000 年、2004 年和 2011 年的基尼系数分别为 0.30、0.37 和 0.32（在 0.3～0.4 波动），即在全国范围内环保产业投入水平处于基本均衡状态。

2000 年以来，随着我国环保产业的发展，环保产业的投资强度有所下降，空间分布趋于均衡。换言之，从环保产业投资角度来看，全国各地对环保产业的投资意愿表现出相对一致的积极性。

通过空间自相关分析发现 2000 年全国环保产业投入水平并未出现明显的集聚区；2004 年，在宁夏回族自治区出现高值集聚区；2011 年也未出现明显的集聚区。总体而言，我国环保产业投入水平基本均衡。

从环保产业投入水平的时间变化来看（表 4-1），2004 年比 2000 年、2011 年比 2004 年分别下降了 43.7%、65.6%，同时东部、中部、西部地区也具有相似的降低趋势，并且下降速率基本一致；从环保产业投入水平的空间差异来看，西部地区投入水平最高，东部和中部地区略低于西部地区。

表 4-1　全国和区域的环保产业投入水平及变化率

		2000 年	2004 年	2011 年
全国	环保产业投资强度/‰	8.05	4.53	1.56
	变化率/%	—	–43.7	–65.6
东部地区	环保产业投资强度/‰	7.32	4.31	1.31
	变化率/%	—	–41.1	–69.6
中部地区	环保产业投资强度/‰	10.29	4.6	1.49
	变化率/%	—	–55.3	–67.6
西部地区	环保产业投资强度/‰	6.99	4.72	1.92
	变化率/%	—	–32.5	–59.3

环保产业投资主要是环境基础设施建设和治理工业污染源投资，环保投入一定程度上可以反映环保需求，并受到相关政策的影响。环境污染治理的需求迅速增加，为环保产业的快速发展提供了契机。2000—2011 年，全国废水排放总量增长了 58.8%，工业废气排放总量增长了 3.88 倍，工业固体废物产生量增长了近 3 倍。东部地区城镇化、工业化进程起步早，环境污染压力大，环境污染治理需求仍然强劲；随着中部崛起与西部大开发战略的开展，东部产业向中部、西部转移的同时也带去了环境污染问题，并且中部、西部生态功能较为脆弱，环境保护的需求愈加明显。东部、中部、西部环境污染治理的需求均衡增加，东部、中部、西部环保产业投入呈基本均衡的状态。

同时，环保产业在政策的支持和驱动下，已经得到了政府和社会资本的广泛关注和投入。在我国现行环境管理水平下，国家将持续鼓励和引导环保产业的发展和创新，并进一步挖掘投资机会，重视东部地区的工业化进程污染、中部地区产业转移所带来的环境压力以及西部地区的生态保护。社会资本已就污水处理、脱硫脱硝装备改造、清洁能源发电、新型能源科研应用、生态保护等项目探索运用 PPP 模式或理念，与政府合作进行投资，为环保产业的长期发展和环境的持续改善作出贡献。

在环保需求和相关政策的推动下，环保投入不断发展，环保产业投入水平却呈现不断下降趋势，主要是由环保产业投资的特征决定的，环保产业投资是一种相对独立、比较特殊的社会发展投资，与一般的固定资产投资相比，其经济效益偏低，投资回收期较长，因此，环保投资还未成为固定资产投资的关键领域。

（2）基于产出的环保产业集聚化水平

环保产业收入贡献率基尼系数测算结果表明，2000 年、2004 年和 2011 年的基尼系数分别为 0.33、0.40 和 0.45，即我国环保产业产出水平的区域差异愈加明显，对经济增长的贡献率呈现不均衡态势。2000 年和 2004 年环保产业收入贡献率基尼系数分别为 0.33 和 0.40，即全国范围内环保产业产出水平基本均衡；而 2011 年环保产业收入贡献率的基尼系数已达到 0.45，即环保产出水平的地区间差异较大。2000 年和 2004 年东部、中部、西部地区的环保产业产出水平基本一致，2004—2011 年环保产业产出水平的空间差异性进一步加强。

2000 年以来，我国环保产业收入贡献率呈增长趋势，并且区域差异性逐步加剧，即环保产业对国民经济增长的作用呈明显的分化趋势。截至 2011 年，东部和中部地区的环保产业产出水平明显优于西部地区，主要表现为“一轴一带”的格局，即北起大连南至珠三角的环保产业“沿海产业带”以及东起长三角西至重庆的环保产业“沿江发展轴”。

通过空间自相关分析，发现 2000 年、2004 年和 2011 年 3 个时间节点的环保产业产出水平出现高值集聚区，主要在我国的江苏省，其他地区均未出现明显的集聚现象。

从环保产业收入贡献率的时间变化来看（表 4-2），2004 年比 2000 年、2011 年比 2004 年分别增长了 55.4%、160.8%，东部、中部、西部地区都呈现增长趋势；从环保产业产出水平的空间差异来看，东部、中部、西部产出水平与增长幅度略有差异，2000 年东部、中部、西部环保产业产出水平大致相同，西部地区略低，2004 年东部地区产出水平优势逐渐明显，远超中部和西部地区，至 2011 年中部地区增速明显，东部与中部地区产出水平远超西部地区。

表 4-2　全国和区域的环保产业产出水平及变化率

		2000 年	2004 年	2011 年
全国	环保产业收入贡献率/%	1.4	2.2	5.7
	变化率/%	—	55.4	160.8
东部地区	环保产业收入贡献率/%	1.8	2.9	7.1
	变化率/%	—	59.2	143.6
中部地区	环保产业收入贡献率/%	1.3	1.5	6.9
	变化率/%	—	15.6	347.5
西部地区	环保产业收入贡献率/%	0.9	1.9	2.9
	变化率/%	—	104.6	53.9

环保产业产出水平可以表征环保产业在国民经济中所占份额，一定程度上可以反映产业结构的变动。影响产业在国民经济中份额的因素主要有经济水平和政策引导。

经济发展水平决定了产业结构调整的需求，产业结构调整与环保产业发展密不可分。进入 21 世纪以来，为更好地适应经济高速发展的需要，产业结构急需调整。2005 年，国家发展和改革委员会发布了《产业结构调整指导目录》，其后根据实际情况对目录内容进行了多次调整，提出鼓励新能源和环保技术的推广应用，限制和淘汰环境污染和资源浪费的产品和技术，加快转变经济发展方式，推动产业结构调整和优化升级，完善和发展现代产业体系。因此，环保产业份额的提升对加快经济增长方式转变、推动产业结构优化升级、提高国际竞争力和保持社会经济的可持续发展都具有重要的意义。

环保产品属于准“公共物品”，环保产业属于政策敏感型产业，政策引导也成为各地环保产业占国民经济比重升高的重要影响因素。除制定鼓励环保产业发展的经济激励政策外，园区式集约发展也是促进环保产业发展的重要手段。目前环保产业园区主要集中于东部沿海地区，如苏州、盐城、宜兴、佛山、青岛等地，中部地区也逐渐出现环保产业园区，如重庆、哈尔滨等地，西部地区环保产业园区发展则较为缓慢。因此，东部和中部地区环保产业产出水平高于西部地区。

（3）基于投资效率的环保产业集聚化水平

2000年、2004年和2011年环保产业投资效率的基尼系数测算结果分别为0.41、0.43和0.72，即环保产业投资效率的非均衡性呈不断增加趋势，环保产业投资效率的区域差异愈加凸显，环保产业收入贡献率进一步集中。

我国环保产业投资效率呈逐渐提高的趋势，并且地区差异逐渐增加。2000—2004年环保产业投资效率的变动较小，2004—2011年环保产业整体的投资效率急剧增加，呈东部、中部、西部逐渐递减的状态，并且东部、中部、西部间的投资效率的差异巨大。

通过空间自相关分析，发现2000年、2004年和2011年3个时间节点的环保产业投资效率出现高值集聚区，即长江中下游地区环保产业的投入产出效率普遍较高，尤其是江苏省、浙江省。

从环保产业投资效率的时间变化来看，2004年比2000年、2011年比2004年分别增长了38.7%、16.27%，东部、中部、西部地区都呈增长趋势；从环保产业投资效率的空间差异来看，2000年中部、西部投资效率的基础略低于东部，而且2004年和2011年投资效率的差异逐步加大，东部地区的投资效率远超中部和西部（表4-3）。

表4-3 全国和区域的环保产业投入产出效率及变化率

		2000年	2004年	2011年
全国	环保产业投资效率	6.05	8.39	144.9
	变化率/%	—	38.7	16.27
东部地区	环保产业投资效率	8.055	10.58	263.32
	变化率/%	—	3.14	2 388
中部地区	环保产业投资效率	6.27	6.31	111.24
	变化率/%	—	0.7	1 662
西部地区	环保产业投资效率	3.35	7.63	33.24
	变化率/%	—	1227	335.8

注：环保产业投资效率为相对值，单位为1。

投资效率可以直接反映环保产业的生产效率，生产率高意味着投入减少、成本降低、收益增加的速度加快。环保产业投资效率从东部到中部、西部逐渐减弱，空间的非均衡性呈增强的趋势，从深层次来看是技术进步导致产业生产率的升幅不同。

环保产业作为战略性新兴产业之一，产业的发展离不开技术支撑。我国东部、中部、西部经济技术环境存在很大差别，东部地区（尤其是环渤海、长三角、珠三角等地区）高校、科研院所、国外先进企业数量多，根据第四次环境保护相关产业基本调查的结果，东部地区获得的环境保护奖励数量和专利数量分别占全国的75.10%、66.62%，中部地区为16.34%、16.28%，西部地区为8.56%、17.10%。可见，东部地区环境保护领域的科技水平明显优于中部和西部地区，与环保产业投资效率的地区差异一致。

科技进步的外部经济性导致产业发展具有空间溢出效应，同样，环境保护行为也具有一定的溢出效应。东部地区投资效率明显优于中、西部地区，北京、天津、辽宁、江苏、浙江、广东等省市的表现更为突出，并带动了京津冀、长三角、珠三角等地区的发展，逐步带动重庆、四川、湖南、湖北等部分省市正在逐步形成我国环保产业发展的“第二梯队”，加剧地区间产业发展的非均衡性。

4.3 环保产业集聚化发展驱动力分析

4.3.1 环保产业集聚的影响因素分析

从新经济地理学角度来看，产业集聚受内外多种因素的共同作用和影响（图 4-2）。从外部来看，涉及区位优势、市场需求、政策推动、科技进步、公众意识等多种因素。从内部来看，受规模效应递增、知识外溢等效应影响。

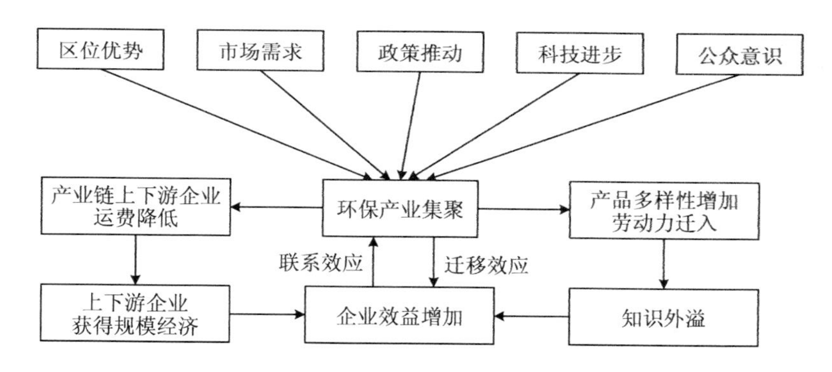

图 4-2 新经济地理学的产业集聚模式

环保产业作为战略性新兴产业，其集聚化发展同样受到区位优势、市场需求、政策推动、科技进步、公众意识等的影响。同时，环保产业作为一种高科技产业，较其他产业而言，对科技水平的敏感程度较高。因此，本章将环保科技水平也作为环保产业集聚化发展的驱动因子之一进行探究。

（1）区位优势

区位优势是指具有相对优势的地理资源，包括当地的经济发展水平、配套设施完善程度、交通便利程度等因素。任何产业的发展规模、发展速度和发展水平都要受到经济发展水平的约束和限制，因此经济发展水平对环保产业集聚化的影响是基础性的。从世界各国环保产业发展的历程来看，经济发展水平越高，环保市场越发达，环保产业投入越大，环保产业的集中化程度也受到一定影响。因此，环保产业发展受到经济发展水平的影响不容忽视。

（2）市场需求

我国经济的高速发展导致能源资源供需矛盾日益突出，工业化进程带来巨大的环境压力。环保产业属于污染治理和环境保护的职能型产业，从环保产业的发展历程来看，其兴起主要受到环境质量的影响，即环境恶化压力催生了环保产业的产生和发展。尤其在资源紧张、环境压力巨大的发展形势下，发展环保产业是有效减少能源资源消耗和环境损害的重要手段。因此，环境状况是影响环保产业发展的基本因素之一。

（3）政策推动

政策推动是指集聚地具有相对优越的制度成本资源，如地方政府的专项扶持政策、财税优惠措施等。在政策推动方面，环境保护法律法规是促进环保产业发展的最关键因素，也是最基础的因素。在环保产业发展初期，产业发展需要由环境保护相关法律法规来引导，市场需求受到环境标准、政府规划等的直接影响。因此，环境保护法律法规健全的地区，环保产业的市场需求更大，环保产业的发展环境更好，环保产业也就越发达。

（4）科技进步

环保产业作为一种高新技术产业，科技进步水平决定了环保产业发展的整体水平。科技进步是认识环境问题的根本，为环境问题解决提供了有效途径，也将环保产业的内涵和潜力不断扩大，有助于加快发展环保产业新模式、新业态，不断提升环保产业发展水平。

（5）公众意识

就发达国家环保产业的发展经验而言，公众环境意识是推动环保产业发展的重要动力。环境意识越高，对环境质量的需求也越高，可转化为有效的环保行动，这直接刺激环保产业的发展。随着公众环保意识和环保参与意识的不断提高，公众为维护自身环境权益将更多采用合理合法的手段，充分发挥环境保护的监督作用，如公众的环境信访、环境诉讼等。

4.3.2 驱动力模型构建

环保产业集聚化发展已经受到学术界的关注，学者们对诸多影响因素进行了初步研究，但目前关于环保产业集聚化发展影响因素的研究主要是基于定性分析，定量研究尚不多见。本章从区位优势、市场需求、政策推动、科技进步和公众意识等方面选取关键指标，以对环保产业集聚化发展的驱动力进行定量研究。

基于以上影响因素的分析，构建环保产业集聚化发展驱动力概念模型，如式（4-10）所示：

$$Y=F（N, E, T, P, X） \tag{4-10}$$

式（4-10）中，Y 为环保产业的投入产出指标；N 为区位优势；E 为市场需求；T 为科技进步；P 为政策推动；X 为公众意识等其他影响因素。

在概念模型基础上构建计量模型，基于我国各省级行政单位的面板数据模型进行回归估计，且以线性相关性测度各驱动力的大小，通过选取相应指标，驱动力实证模型如式（4-11）所示：

$$y_{i,t}=\varepsilon_{i,t}+\alpha\times\ln \mathrm{GDP}_{i,t}+\beta\times\ln \mathrm{envi}_{i,t}+\gamma\times\ln \mathrm{sci}_{i,t}+\theta\times\ln \mathrm{fee}_{i,t}+\mu\times\ln \mathrm{pub}_{i,t} \tag{4-11}$$

式（4-11）中，因变量 $y_{i,t}$ 是 i 地区 t 年环保产业投入水平、产出水平和投入产出效率；$\mathrm{GDP}_{i,t}$ 是 i 地区 t 年的经济发展水平指标，即 i 地区 t 年人均 GDP，表征的是各地的区位优势；$\mathrm{envi}_{i,t}$ 是 i 地区 t 年的环境污染状况指标，表征的是环保产业的市场需求；$\mathrm{sci}_{i,t}$ 是 i 地区 t 年的环保科技水平指标，即环保科技成果数；$\mathrm{fee}_{i,t}$ 是 i 地区 t 年的排污费征收额，表征各地的环境法律法规严格程度；$\mathrm{pub}_{i,t}$ 是 i 地区 t 年的环境信访人次，表征各地公众环保意识的水平。

为探究各驱动力因子对环保产业集聚程度的影响大小，各驱动因子均取对数处理，即α、β 等估计系数的含义为：影响因子每变动 1%，环保产业发展指标的变动程度，由于表征环保产业投入水平和产出水平的因变量取值是在 0 和 1 的非离散变量，即受限因变量，因此采用 Tobit 回归模型；表征环保投资效率的因变量取值为大于零的非离散变量，故采用 OLS 回归模型。

（1）变量解释及其数据来源

环保产业投入水平、产出水平和投资效率指标为被解释变量，数据主要来自《环保产业数据手册》；

经济发展水平，采用各省级行政单位的人均 GDP 数据，数据来源为《中国统计年鉴》；

环境污染状况，通过污染物排放量进行表征，即污染物排放量越大，则环境污染越严重（连志东，2000）。本章以单位面积污染物排放总量（闫逢柱，2011）表征环境污染状况，计算方法如式（4-12）所示，数据来源为《中国统计年鉴》与《中国环境年鉴》。

$$\mathrm{envi}_{i,t}=\frac{\mathrm{ww}_{i,t}+\mathrm{wg}_{i,t}+\mathrm{sw}_{i,t}}{\mathrm{area}_{i}} \tag{4-12}$$

式（4-12）中，$\mathrm{ww}_{i,t}$ 为 i 地区 t 年的废水中 COD、氨氮等污染物的排放总量；$\mathrm{wg}_{i,t}$ 为 i 地区 t 年的二氧化硫、氮氧化物及烟粉尘等污染物的排放总量；$\mathrm{sw}_{i,t}$ 为 i 地区 t 年的一般工业固体废物产生量；area_{i} 为 i 地区的面积。

环保科技水平与环保科技研发直接相关，本章采用每万人拥有的环保科技成果数量表征环保科技水平，采用环保科技成果数与环保产业从业人数的比值，数据来源为《中国环境年鉴》和《环保产业数据手册》。

环境法律法规。我国环境保护法律法规体系已相对完善，但各地的执行程度存在差异，而排污费的征收量可以一定程度上表征环境保护法律法规的严格程度，因此本章采用排污费征收额表征环境保护法律法规的严格程度，数据来源为《中国环境年鉴》。

公众环保意识。环境信访是公众环境参与的重要形式，一定程度上可以反映公众环境保护意识的程度，因此本章采用环境信访人次表征公众环境保护意识的强烈程度，数据来源为《中国环境年鉴》。

本章数据均为 2000 年、2004 年和 2011 年全国各省级行政单位年度数据（香港、澳门、台湾、西藏除外），见表 4-4。

表 4-4　模型指标选择与数据来源

驱动力因素	指标选择	单位
区位优势	人均 GDP	元/人
市场需求	人均污染物排放量	t/人
科技进步	人均环保科技成果数	个/万人
政策推动	排污费征收额	万元
公众意识	环境信访人次	人

（2）平稳性检验与协整检验

通过单位根检验，验证时间序列的平稳性，可防止出现伪回归，确保回归估计的结果准确。结果发现，我国环保产业投入与产出集聚驱动力模型中变量均为一阶单整，符合协整检验的条件（表 4-5）。

表 4-5　单位根检验结果

	ln gdp	ln envi	ln sci	ln fee	ln pub
环保产业投入水平	I（1）	I（1）	I（1）	I（1）	I（1）
环保产业产出水平	I（1）	I（1）	I（1）	I（1）	I（1）
环保产业投资效率	I（1）	I（1）	I（1）	I（1）	I（1）

单位根检验结果为同阶单整后，可以进行协整检验。协整检验的目的是判断变量的长期均衡关系。本章通过 Kao 检验，发现 P 统计值都接近 0，拒绝面板数据变量之间不存在协整关系的原假设，即存在协整关系。据此判定，驱动力模型具有协整关系。

（3）方差膨胀因子检验

由于经济发展水平、环保科技水平、环境污染状况与环境法律法规等因素可能存在多重共线性，因此需进行多重共线性的相关检验。

方差膨胀因子检验（又称 VIF 检验）是进行多重共线性检验的最重要的方式之一。方差膨胀因子是指解释变量之间存在多重共线性时的方差与不存在多重共线性时的方差之比，方差膨胀因子越大，共线性越强。方差膨胀因子检验的标准如表 4-6 所示。

表 4-6　方差膨胀因子检验标准

标准	含义
0＜VIF＜10	不存在多重共线性
10≤VIF＜100	较强的多重共线性
VIF≥100	严重多重共线性

本章针对经济发展水平、环保科技水平、环境污染状况与环境法律法规等因素进行方差膨胀因子检验，通过 Stata 对投入水平、产出水平和投资效率 3 个回归方程进行检验，结果见表 4-7。经过检验，VIF 均未超过 10，则该回归模型的各解释变量间不存在多重共线性，该回归模型的设计是合理的。

表 4-7　方差膨胀因子检验结果

	VIF	1/VIF
ln gdp	2.78	0.36
ln sci	1.95	0.51
ln envi	1.61	0.62
ln fee	1.59	0.63
ln pub	1.38	0.73
Mean VIF	1.86	

4.3.3　我国环保产业集聚水平分析

分别对环保产业投入水平、环保产业产出水平和环保产业投资效率进行回归估计，3 个回归模型估计的 P 值为 0 或接近于 0，模型的估计结果都是稳健可靠的，结果见表 4-8。

表 4-8 驱动力实证分析回归结果

变量	环保产业投入水平（Tobit）	环保产业产出水平（Tobit）	环保产业投资效率（OLS）
ln gdp	−0.000 533	0.012 5*	1.132***
	（0.004 17）	（0.006 47）	（0.227）
ln envi	0.001 02	−0.005 18	0.044 3
	（0.002 64）	（0.004 64）	（0.115）
ln sci	−0.002 21	0.009 97***	1.109***
	（0.002 47）	（0.003 62）	（0.150）
ln fee	0.007 52***	0.005 18	0.115
	（0.002 69）	（0.004 18）	（0.135）
ln pub	0.007 30***	0.005 87*	−0.014***
	（0.002 09）	（0.003 45）	（0.116）
常数项	−0.093 4***	−0.097 1*	−6.935***
	（0.033 5）	（0.055 3）	（1.683）
观测值	90	90	90
样本数	30	30	30
Prob＞chi2	0	0.001 6	0

注：***、**、*分别表示在 1%、5%、10%水平下显著。

实证结果表明，我国环保产业投入水平、产出水平和投资效率与我国经济发展水平（区位优势）、环境污染状况（市场需求）、环保科技水平（科技进步）、环境保护法律法规（政策推动）、公众环保意识 5 个驱动力因子的显著性程度较高。

（1）环保产业投入水平的回归估计结果

根据表 4-8 的结果，环保产业投入水平的回归估计方程为

$$y_{i,t} = -0.093\,4 - 0.000\,533 \times \ln \mathrm{gdp}_{i,t} + 0.001\,02 \times \ln \mathrm{envi}_{i,t} - 0.002\,21 \times \ln \mathrm{sci}_{i,t} + 0.007\,52 \times \mathrm{fee}_{i,t} + 0.007\,30 \times \ln \mathrm{pub}_{i,t} \quad (4\text{-}13)$$

式（4-13）中，$y_{i,t}$ 是根据式（4-7）计算得到的我国 i 地区 t 年环保产业投入水平，根据对数模型的含义可知，人均 GDP 增长（或降低）1%，环保产业投入水平降低（或增长）的绝对值为 0.53‰，其他解释变量同理。

通过环保产业投入水平回归估计系数的符号分析，发现我国环保产业投入水平与经济发展水平、环保科技水平呈现出负相关关系，与环境污染状况（市场需求）、环境法律法规和公众环保意识呈现正相关关系，这与我国环保产业投入水平的空间分布状况是一致的。就我国各地区环保产业投入水平的分布状况而言，我国西部地区经济发展状况和环保科技水平相对东部地区较弱，且西部地区生态较为脆弱，因此西部地区环保产业投入水平相对东部地区更高。

通过环保产业投入水平回归估计系数的绝对值大小分析，发现公众环保意识和环境法律法规对环保产业投入水平的推动作用最大。本研究认为，环境法律法规是促进环保产业发展的关键因素，也是最基础的因素，尤其是环保产业的发展初期，产业投入水平受到环境保护相关法律法规的引导作用十分明显；随着公众环境意识的提高，对环境质量的需求也越高，对环保产业的社会投资可能增加，直接刺激环保产业的发展，并将更多采用合理合法的环保行动，为环保产业发展营造良好的社会氛围。

（2）环保产业产出水平的回归估计结果

环保产业产出水平的回归估计方程为

$$y_{i,t} = -0.0971 + 0.0125 \times \ln \mathrm{gdp}_{i,t} - 0.00518 \times \ln \mathrm{envi}_{i,t} + 0.00997 \times \ln \mathrm{sci}_{i,t} + 0.00518 \times \mathrm{fee}_{i,t} + 0.00587 \times \ln \mathrm{pub}_{i,t} \tag{4-14}$$

式（4-14）中，$y_{i,t}$ 是根据式（4-8）计算得到的我国 i 地区 t 年环保产业的产出水平，根据对数模型的含义可知，人均 GDP 每增长（或降低）1%，环保产业产出水平增长（或降低）的绝对值为 1.25%，其他解释变量同理。

通过环保产业产出水平的回归估计结果，发现我国环保产业产出水平与经济发展水平、环保科技水平、环境法律法规、公众环保意识等因素呈现正相关关系，与环境污染状况（市场需求）呈现负相关关系，这与我国环保产业产出水平的空间分布状况是一致的。就我国各地区环保产业产出水平的分布状况而言，虽然我国西部地区环境状况相对薄弱，投入水平在西部地区略有倾斜，但环保产业的产出水平却相对较低，这与当地环保产业的发展环境有关。环保产业的发展环境受当地经济发展水平、环保科技水平和公众环保意识等多方面的影响。

通过环保产业产出水平回归估计系数的绝对值大小分析，发现各驱动力的影响程度从大到小依次为经济发展水平、环保科技水平、公众环保意识和环境保护法律法规、环境污染状况（市场需求），其中经济发展水平和环保科技水平对产出水平的影响力要大于其他因素。虽然环保产业投入水平受到环境法律法规和环境状况的影响较大，但是，环保产业产出水平受产业发展基础和发展环境的制约，而产业发展基础和发展环境主要受当地经济发展水平和环保科技水平的影响。

（3）环保产业投资效率的回归估计结果

环保产业投资效率的回归估计方程为

$$y_{i,t} = -6.935 + 1.132 \times \ln \mathrm{gdp}_{i,t} + 0.0443 \times \ln \mathrm{envi}_{i,t} + 1.109 \times \ln \mathrm{sci}_{i,t} + 0.115 \times \mathrm{fee}_{i,t} - 0.014 \times \ln \mathrm{pub}_{i,t} \tag{4-15}$$

式（4-15）中，$y_{i,t}$ 是根据式（4-9）计算得到的我国 i 地区 t 年环保产业投资效率，由于环保产业投资效率为非受限变量，采用 OLS 回归并对投资效率进行取对数处理，根据对数模型的含义可知，人均 GDP 每增长（或降低）1%，环保产业投资效率增长（或降低）

1.132%，其他解释变量同理。

通过环保产业投资效率的回归估计结果，发现我国环保产业投资效率与经济发展水平、环境污染状况（市场需求）、环保科技水平、环境保护法律法规等因素均呈现正相关关系，与公众环保意识呈现负相关关系。

通过环保产业投资效率回归估计系数的绝对值大小分析，发现各驱动力的推动作用从大到小依次为经济发展水平＞环保科技水平＞环境保护法律法规＞环境污染状况（市场需求）＞公众环保意识，其中，经济发展水平和环保科技水平对环保产业投资效率的影响要大于其他因素。

环保产业投资效率是环保投资收益与环保投资额的比率，可以反映环保投资的经济效果。因此，当地经济发展水平、环保科技水平、环境保护法律法规等因素均对环保产业投资效率具有推动作用。对于环保产业投资效率而言，公众意识对环保产业投资效率的推动作用并不明显。

4.4 环保产业集聚化发展对策

当前，我国经济增长处于新旧动能转换阶段，环保产业作为国民经济高质量发展的新的经济增长点，正处于蓬勃发展阶段。本章研究发现，我国环保产业发展的地区差异逐渐加大，在东部沿海地区和长江发展带呈现明显的集聚化发展态势。为促进我国环保产业集聚化发展，提升环保产业发展的质量和效益，本章拟从影响我国环保产业发展的主导驱动力因子入手，着重从政策推动、市场培育、科技支撑、环保产业园区建设等方面提出政策建议。

4.4.1 正视环保产业发展的区域差异性

基于空间非均衡性理论与测算方法，发现我国环保产业的投入水平基本均衡，产出水平区域差异愈加明显并呈现不均衡态势，投资效率的空间非均衡性愈加明显，达到极不均衡状态。通过东部、中部、西部地区之间环保产业投入水平、产出水平和投入产出效率的对比，发现环保产业投入水平的区际差异较小，环保产业产出水平的区域差异性明显，东部和中部地区环保产出水平明显优于西部地区，环保产业投资效率的空间分异逐年增强，东部地区明显优于中西部地区。

地区间的经济发展程度、科学技术水平、环境质量差异等发展基础和地缘差异等有所不同，环保产业发展条件存在差异，因此各地区间环保产业的发展思路也应有所差别。因地制宜，制定各地区环保产业的发展规划和集聚策略，引导环保企业在本地区实现良性集聚。

（1）保障东部地区环保投资强度

就东部地区而言，大部分省份环保收入贡献率、投资效率远高于其他地区，即环保投资可以作为拉动该地区产业结构调整与经济发展的重要力量，应着力保障该区域的环保投资力度，促进环保产业结构升级和区域经济增长。

（2）加快培育中西部地区环保科技创新能力

就中部、西部地区而言，经济基础、技术基础和生态环境基础都较为薄弱，为促进该地区环保产业的发展，需考虑寻找除投资外的产业发展新动力，如产学研支撑等。当前我国环保产业可能正处于市场创新拉动的重要机遇期，要认真分析环保产业市场需求与市场供给的难点问题，探索新的环境保护市场化机制，通过新的金融帮助、创新技术支撑来推动产业发展。

4.4.2　加强环保产业发展的政策引导和激励

根据前文环保产业驱动力的相关结论，我国环保产业还处于初级阶段，环保产业投入水平受政府政策的影响较大。理论研究表明，集聚经济能够带来知识共享、产业创新、规模效益、成本降低、集聚内部企业竞争力增强等诸多优势，环保产业集聚化发展有助于生态环境保护、污染防治和经济增长。环保产业发展不仅是解决当前面临的环境污染问题，也是改善民生、拉动地区经济发展的重要力量。环保产业具有公共产品属性，政府有必要在发展初期通过规划、政策等手段对产业发展进行保障。

从发达国家环保产业的发展经验来看，完善的环境法律法规体系为环保产业的快速发展提供了良好的政策环境，施行严格的环境标准，并对企业提供资金支持、财政优惠政策，同时采用创新管理手段。

（1）加强产业集聚化发展规划引导

尹君等（2016）认为，当前我国初步形成了环保产业政策体系，鼓励环保产业集聚化发展的政策文件陆续出台。但是，当前大部分鼓励环保产业集聚化、园区化发展的政策还停留在政策鼓励层面，距离政策落地尚有一段差距，对操作方式、运行手段的规定相对较少，诸多环保产业园区和环保企业并未获得政府政策的切实保障。

因此，各级政府在制定环保产业集聚化发展的政策措施保障时，必须结合当地的产业基础、区位优势等条件，制定合理的产业集聚化发展指导规划，优化产业布局。首先，需明确当地适合发展的环保产业方向，确定重点发展的环保企业类型；其次，在产业布局方面，确定合理的企业规模和集聚区规模，注意集聚区内部的企业专业化细分；最后，根据规划中明确的重点发展方向，针对不同类型、不同规模企业，确定有差别的扶持政策，如优惠政策、财政资金支持等。通过产业集聚化发展规划的制定，积极引导环保企业在当地实现良性集聚。

（2）完善多样化的财政支持手段

环保产业属于准“公共物品”，易出现“市场失灵”问题，环保产业的投资回收期较长，一定程度上制约了社会资本的投资。政府财政对环保产业的支持和引导有助于消除“市场失灵”问题，因此政府对环保产业投资的支持必不可少。从发达国家环保产业的发展经验来看，环保产业发展初期，财政支持和引导的作用不容忽视，且财政支持的多样化手段也有助于提高财政资金的使用效率。

由于环保产业的社会投资规模较小，当前时期内必须加大中央预算内投资和中央财政专项投资中对环保产业的扶持力度，严格落实环保产业重点发展方向的专项资金使用情况；以往地方政府通过财政补助、政策奖励和利息返还等多种方式对环保产业的发展提供支持，绿色基金、绿色银行等新型资金模式有望在环保产业集聚区得到应用，多样化财政支持手段有助于提高财政资金的使用效率。

（3）充分发挥政府的监督和监管职能

环保产业集聚区内部或集聚区之间容易产生同质化竞争甚至产生恶性竞争，政府需要整顿和规范集聚区内部和集聚区之间的秩序，为环保产业集聚化发展创造良好的竞争环境。同时，我国环境治理需求不断增加，环保产业的市场需求不断提高，新技术、新产品、新企业逐渐增加，需要不断完善环境标准、环保产品标准、环保服务标准等，充分发挥政府的监督监管职能，提高环保产品和环保服务的质量。此外，财政资金的使用也需得到有效监督，可以通过建立财政资金使用的绩效评估机制，对支持环保产业专项资金的使用效率进行评价。

4.4.3 着力环保市场培育和规范化建设

市场需求是我国环保产业发展的重要驱动力之一。当前我国环保产业已进入平稳快速发展阶段，并逐步向以市场主导的阶段发展。现阶段，需顺应科技创新的市场化、社会化趋势，努力形成市场氛围与政策激励并重的模式，尤其是实现科技创新和经济发展的市场化氛围。政府主导型的产业发展到一定阶段，政策保障已经不是产业发展的限制性因素，诸多其他因素将限制产业的后续发展。因此，当产业具备一定发展基础和市场条件以后，将改变依赖政府主导的发展模式，充分利用市场需求引导产业的后续发展。

（1）建立多元化投融资模式

我国环境治理需求不断增加，环保市场潜力巨大，需重视市场需求，根据市场需求发展重点技术、重点企业，对资金的需求量也不断增加，之前过多依赖政府投资、财政支持的方式亟须改进。必须充分发挥社会其他主体的社会参与能力，减轻政府财政负担，实现社会资源的合理优化配置。因此，应充分发挥市场的作用，建立起环境保护市场多元化的投资体制。环保市场化的设施建设，要通过吸纳商业资本、社会公众和企事业单位等社会资金，鼓励和引导民间投资和外资进入环保产业领域，形成政府、银行、企业和个人等多元化投资局面。另外，金融机构可积极开展金融创新，加大对环保产业的支持力度，鼓励金融机构加大对重点领域、重点地区的环保企业提供绿色信贷。

（2）完善价格形成机制

根据发达国家环保产业的发展经验，市政公用事业等领域逐步采用市场化价格调节机制，完善动态收费标准机制。我国环保产业发展的现阶段，应逐步理顺价格关系，完善垃圾处理、资源回收等领域价格形成机制，通过集约化治理的方式，降低相关企业的成本，降低重复建设等资源浪费现象。加快实行排污许可证制度、排污权交易政策，建立完善的动态收费标准机制。

4.4.4　强化人才和科技支撑

环保产业作为高新技术产业，科技进步和知识积累对环保产业产出水平和投资效率影响相对较大，而环保科技发展是有效推动环保产业发展、提高环保产业投资效率的重要驱动力。因此，加大科技投入、加快科技进步是当前推动我国环保产业发展的最有效手段。

当前，单纯的污染防治技术已经不足以支撑环保产业的需求，环保产业的发展需要高新技术的支撑，新材料技术、新能源技术、清洁生产技术等高新技术的需求也不断扩大。环保产业对高新技术和高科技人才的依赖性较大，这主要是由于环保产业的高新技术产业属性决定的。人才和技术的聚集效应能够为环保产业集聚化发展提供源源不断的动力。

（1）发挥人才聚集效应

大力吸引科技人才，鼓励高科技人才、复合型人才进入环保产业的研发、管理过程，形成规模大、素质优的科技人才队伍，充分发挥国家和地方人才引进行动计划的作用，建立健全高端人才引进政策体系，为人才引进提供一系列优惠政策。在当地人才集聚效应的基础上，根据环保产业发展特色，完善科技人才的培养制度和管理体系，形成科技人才后备力量。

（2）健全高端人才引进机制

建立、健全人才引进措施。以建设环保特色人才集聚基地为目标，充分发挥国家和地方人才引进行动计划的作用，建立健全高端人才引进政策体系，在人才落户、购房、教育培训和创业贷款等方面提供优惠政策。

（3）发挥技术的聚集效应

鼓励成立区域技术和研发平台，建立区域产学研联盟。根据当前国家及地方环境保护的相关需求，利用技术的集聚效应，在区域环保产业集聚区内统一规划技术开发任务，通过合作攻关，突破共性环保核心技术，促进自主创新能力的发展，并根据技术创新链条的不同阶段按照优势互补进行合理分工，形成了共同投入、共享收益、共担风险、共同发展的产业联盟。通过行业协会的引导和产学研联盟的建立，有助于形成环保产业内部良好的互动机制。

4.4.5 加强环保产业园区化建设

环保产业园区是环保产业发展的空间载体，也是环保产业集聚化发展的一种表现形态。要强化规划引导，统筹空间布局，找准园区产业定位，将产业园区发展规划与人才引进、招商引资等内容结合起来，利用产业园区一系列优惠政策和基础设施共享等优势条件吸引关键性企业落户园区，搭建园区内企业之间的物质和技术联系，建立企业间良好的信任和合作关系，逐步提高产业集中度，延伸环保产业链，形成环保产业集聚发展的综合竞争优势。

（1）找准园区产业发展定位

环保产业园区是环保产业发展的空间载体，园区的建设需根据当地环保产业的发展基础和发展环境，针对本地区环保产业的比较优势，精准定位环保产业园区的发展特色。当前我国环保产业园区的创立和发展基本靠政府政策的推动，存在产品同质化竞争的问题，园区内部和园区间的竞争仍在不断加剧。因此，根据地区发展基础和发展特色，精准定位园区的发展方向，将有效避免恶性竞争，也将吸引更多同类型互补产业和周边产业进入园区。以盐城环保科技城为例，当前园区已形成了以烟气治理为主的产业特色，并将绿色建材等周边产业纳入发展方向，在全国环保产业园区中奠定了烟气治理行业的领先地位。

（2）建立健全产业准入机制

针对园区定位，建立企业准入机制。坚持招大引强、追高逐特，制定严格的企业进入机制，建立环保企业准入名录。通过龙头企业的招商，“以点带面”带动园区产业链的形成，经龙头企业向周边业务进行渗透和孵化，促进企业专业化分工协作网络的构建。

为企业进驻园区提供帮助。建立项目审批、报建的“绿色通道”，鼓励高新技术产业、科研院所、高等院校、科研团队等入驻，简化用地、环评、能评等手续，缩短审批周期，鼓励开展原创性基础研究和面向需求的应用研发，并提供相应社会服务。

（3）完善科技创新激励配套措施

针对园区产业基础和产业特色，完善科研激励政策。根据国家和地方相关政策制定园区科技奖励措施，对研发投入占比高的企业进行奖励；推动建立政产学研联盟，对联盟内产生的创新成果予以奖励；支持参与重大科技项目，对牵头参与重大专项、重点研发计划的企业给予配套奖励；加强新技术、新产品的转化，对通过科技成果转化产品认定的企业给予相应奖励。同时，优化创业融资环境，支持和鼓励园区内企业创新。

第5章　大气环保产业全产业链构建与优化

5.1　大气环保产业全产业链相关概念界定

5.1.1　大气环保产业链

目前，学术界鲜有以大气环保产业、大气环保产业链为对象的研究，少数研究中称大气污染治理产业（高明等，2014）。本研究提出的大气环保产业链：由提供大气污染治理的技术、产品、设备、信息、服务等多部门组成，以产品和技术为投入，向用户提供大气污染治理的产品、服务，以价值增值为导向，以满足用户对大气环境质量改善的需求为目标的链式结构（邬娜等，2018）。

5.1.2　全产业链

产业链一词据考证最早是由我国学者提出的，但国内学者对产业链的概念尚未形成统一的认识，有学者通过对比分析国内学者提出的定义，给出产业链定义为同一产业或不同产业的企业，以产品为对象，以投入产出为纽带，以价值增值为导向，以满足用户需求为目标，依据特定的逻辑联系和时空布局形成的上下关联的、动态的链式中间组织（刘贵富，2006）。

而关于全产业链的概念是比较新的概念，全产业链一词最早是中粮集团于2009年提出的“全产业链”发展战略，此后中粮集团由主要以农副食品进出口贸易为主业务开始向农产品领域的源头和终端进军，并将农作物种植、加工、运输及销售等多种产业环节组成一个完整的产业链系统（冯长利等，2012）。最初的全产业链主要针对农业而且是一家企业实现。此后，全产业链概念和战略在农业及各种农产品的发展中兴起，还拓展到纺织、服装、电子信息等产业中。目前学术界对全产业链的概念尚未有较权威的界定。本书在梳理文献基础上提出，全产业链是企业以价值增值为目标，一方面不断向产业链的上下游延伸和扩展，另一方面不断扩充产品多样性和相关性，并最终形成一个产业网络结构。基于本研究提出的全产业链概念，全产业链有两方面的内涵，一是在纵向上从产业链源头做起，涵盖原材料设计、产品研发、生产、销售等产业链各个环节；二是在横向上不断丰富产品类别和产业类型。所以，全产业链是产业链在纵向和横向上实现的拓展和延伸。

5.1.3 大气环保产业全产业链

根据大气环保产业链、全产业链等的概念，本书将大气环保产业全产业链的概念界定为：以价值增值为导向，以满足用户对大气环境质量改善的需求为目标，涵盖大气污染治理技术研发、产品、设备生产、运营服务等产业链各环节，以及各环节类别不断丰富的产业链网。其内涵主要是在纵向上包含大气环保产业链上游、中游、下游各环节，在横向上包含除尘、脱硫、脱硝、VOCs 治理、机动车尾气治理等各领域的产业链网。

5.2 大气环保产业链结构分析

5.2.1 大气环保产业链总体框架

大气环保产业链由上游供应链、中游生产链、下游服务链 3 个环节组成，产业链总体框架见图 5-1。

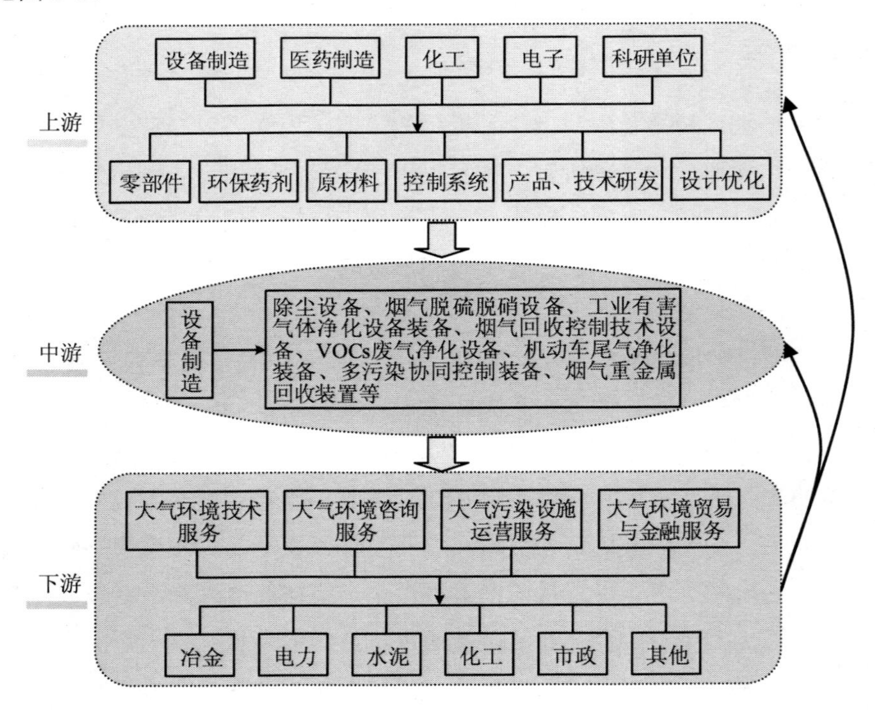

图 5-1 大气环保产业链总体框架

5.2.2　上游供应链

大气环保产业链的上游是供应链，我国大气环保产业链企业数量呈倒金字塔，属于供应链的企业在大气环保产业链各环节中相对较多，主要分布在经济较发达的长三角和珠三角地区，呈现数量多、规模小、分布较为散乱的市场格局。

供应链企业主要为中下游提供原材料、大气环保设备生产需要的零部件、大气环保工程的设计优化、催化剂、药剂，还有进行新技术、新产品的研发。为保障生产活动的正常运行，需要设备制造、医药制造、化工、电子、科研单位等行业、部门的支撑。

其中零部件的供应包括标准件和非标准件，目前国内厂商可以满足一部分关键零部件的需求，但脉冲阀、循环泵等的技术水平仍然落后于国外厂商，因此需要进口；原材料主要是在除尘、脱硫、脱硝等工艺中具有关键作用的化学和建材制品，以特种纤维和滤料、活性炭、陶瓷蓄热体等为代表，高端纤维和滤料市场主要被国外厂商垄断；环保药剂主要是针对特殊大气污染物所需要的环保处理药剂，如脱硫、脱硝、汽车尾气处理中的还原剂和催化剂等，国内厂商基本上能够满足大气污染处理中的还原剂需求，但是脱硝催化剂的生产技术仍以引进为主；新技术、新产品的研发是供应链的重要部分，由科研单位或高新技术企业为中下游提供服务，近年来大气污染治理企业自主研发或者联合科研院所研发的比重逐渐上升。根据环保产业数据手册统计，2011 年，大气污染控制技术的研发企业占环保产业技术研发企业总数的 20%左右，且主要集中在除尘技术和烟气脱硫技术方面。

5.2.3　中游生产链

大气环保产业链的中游是生产链，属于生产链的企业在大气环保产业链倒金字塔结构中处于中端。生产链环节是一个充分竞争的市场，生产的产品在市场上区分度不高，厂家之间的竞争强度大。

生产链主要包括除尘、脱硫、脱硝、VOCs、汽车尾气治理等设备、产品的生产，且脱硫、脱硝、除尘仍是生产链的三大核心板块。2011 年，大气污染治理设备生产企业占生产环境保护产品企业的比重达 32%，大气污染治理设备的工业销售产值约占环境保护产品工业销售总产值的 37%。“十二五”期间，各细分领域包括烟气脱硫工艺配套设备、烟气脱硝工艺配套设备等产值都有较大的提高，除尘设备略有下降，见表 5-1。

表 5-1 我国大气污染治理设备产业分领域产业规模

	脱硫	脱硝	除尘	机动车净化装置	VOCs 治理
2011 年工业销售产值/亿元	62	29	337	47	—
2014 年工业销售产值/亿元	132	545	299	—	70

注：数据来源于环保产业数据手册，“—”表示当年未统计。

从市场情况来看，随着大气污染物排放标准的趋严，以及《大气污染防治行动计划》（以下简称“大气十条”）的出台，脱硫脱硝装备已在电力行业广泛应用，非电行业包括钢铁、水泥、有色、工业锅炉等行业的应用也日益增加。尤以钢铁行业的需求最大，未来非电行业是脱硫行业的增长点，且脱硫行业的竞争格局较稳定，市场集中度较高；脱硝行业启动较晚，随着“十二五”期间氮氧化物排放指标的考核，市场规模迅速扩大，导致竞争格局相对混乱；除尘设备的需求在“十一五”“十二五”期间持续增长，尤其是电除尘市场需求仍在增加，但袋式除尘行业总产值近年来持续下降，主要是袋式除尘行业产能过剩，竞争过于激烈，创新驱动不足；VOCs 治理设备是近两年随着大气污染物减排政策还有“大气十条”的落实迅速发展起来的，2014 年 VOCs 治理行业的总产值约为 70 亿元，利润率为 10%～15%，目前的治理技术参差不齐，尚未形成具有带动能力的龙头企业，VOCs 监测能力不足，在线监测设备无法满足监管要求，因此 VOCs 治理装备市场潜力大；机动车治理装备市场主要包括在用车环保装备、新车环保装备、新能源汽车及相关产品 3 方面。

5.2.4 下游服务链

大气环保产业链的下游是服务链，服务链企业在大气环保产业链倒金字塔结构中处于底端，数量相对较少。

我国的环境服务业定义为与环境相关的服务贸易活动，因而大气环境服务业就是与大气环境相关的服务贸易活动。在其发展初期主要是指提供废气处理设施的服务，随着需求的增长，大气环境服务业领域逐渐拓宽，根据大气环境服务业的特点，其具体涵盖了 2000 年国家环境保护总局提出的环境服务业的 6 类中的 4 类，主要包括大气环境技术服务业、大气环境咨询服务业、大气污染设施运营服务业、大气环境贸易与金融服务业，见表 5-2。

大气环境服务业是大气环保产业发展中最具潜力的组成部分，其发展起步较晚，发展迅速。2011 年大气环境服务业占大气环保产业的 15%左右，到 2016 年环境服务业占环保产业的比重已超过 50%，大气环境服务业占比虽有较大幅度的提升，但是与发达国家相比仍有一定差距。大气环境服务业的主要客户是对工业企业，包括电力、水泥、建材、有色冶金、钢铁、化工等行业。随着大气环境服务业的发展，服务主体也从单一的科研设计单位发展到现在的企业与科研单位合作。随着环境服务的诉求日益综合与专业化，大气环境综合服务业会成为拓宽产业涵盖面、促进产业向更高层次发展的突破口。

表 5-2　大气环境服务业分类及各领域市场情况

类　别	具体内容	市场情况
大气环境技术服务	包括大气环境技术与产品开发、大气环境工程设计及施工、大气环境监测及分析服务	随着我国大气污染防治政策、大气环保产业标准的公布，大气环境技术服务业标准化逐步得到了加强
大气环境咨询服务	包括环境影响评价、大气环境工程咨询、大气环保产品认证咨询等	由于大气环境咨询服务业在我国起步晚，虽然实现了服务的社会化，但仍未形成规模化的综合性大气环境咨询服务企业
大气污染设施运营服务	对二氧化硫、二氧化碳、粉尘、氮氧化物等废气治理设施的社会化管理、运营和维护服务	由于我国大气环境污染治理设施运营服务业的市场化运营和管理刚起步，因此发展缓慢
大气环境贸易与金融服务	包括大气环保相关产品的专业营销、进出口贸易、大气环境金融服务等	大气环保产业市场通过吸引国外资本和大企业进驻，促进大气环保服务业的发展

5.3　大气环保产业分行业产业链结构分析

5.3.1　除尘产业链

（1）上游供应链

整体来看，我国的电除尘、袋式除尘技术达到国际先进水平，已完全具备依靠自有技术和实力完成大气污染治理项目 EPC 的能力。我国的电除尘技术广泛应用于燃煤电站、水泥、钢铁、有色等各工业行业。袋式除尘在整体性能、大型化、专用纤维和滤料方面均取得了显著进步，并已在燃煤电厂、水泥窑、垃圾焚烧烟气净化、火电厂脱硫除尘等领域大面积应用。大型脉冲袋式除尘器及滤袋缝制技术已达国际先进水平（图 5-2）。

（2）中游生产链

从 2000—2015 年电除尘行业市场分析可知，除 2009 年受全球金融危机影响市场下降，其余年份电除尘行业市场持续增长。电除尘如今已形成装备精良、配套齐全的一个行业，目前我国从事电除尘器生产的企业有 200 多家，已经成为世界电除尘器生产大国，生产、使用电除尘器的数量均居全球首位，我国生产的电除尘器不仅能满足国内需求，还有相当部分出口至几十个国家和地区，电除尘行业是我国环保产业中能与国外厂商相抗衡且最具竞争力的行业之一。袋式除尘器的应用已经覆盖到全工业领域，产品系列丰富，是我国主要大气污染物控制，尤其是 $PM_{2.5}$ 排放控制的主要除尘设备。袋式除尘设备行业市场较为分散，集中度也不高，企业的竞争优势以及创新驱动力并不是特别明显，但袋式除尘的主要耗材——高温滤料的总产值及利润有所增长。

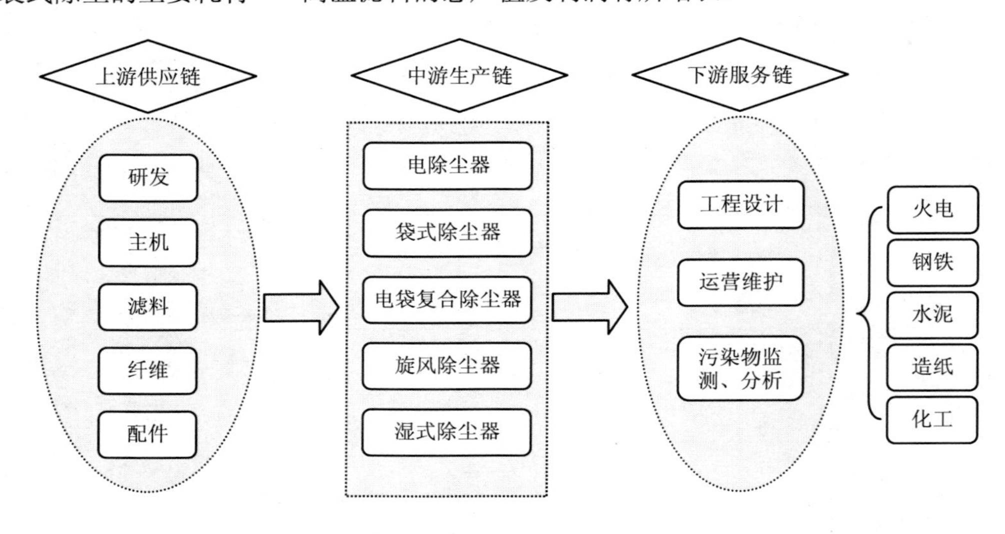

图 5-2 除尘产业链

（3）下游服务链

袋式除尘器的运行管理需要非常专业化的技术，很多使用袋式除尘器的企业都配套有很好的袋式除尘器，却缺乏长期可靠的管理和运行维护，我国袋式除尘的骨干企业都具有向包括发达国家在内的国际市场提供袋式除尘装备和环保工程总承包的资质，以及提供袋式除尘技术、装备和配件的能力。

5.3.2 脱硫、脱硝产业链

（1）上游供应链

烟气脱硫技术按照反应物的状态可以分为湿法烟气脱硫和干法烟气脱硫。我国的湿法脱硫技术来源于 20 世纪 90 年代的技术引进，在国家经贸委的指导下，电力部门陆续从国外引进了比较先进和成熟的脱硫工艺。应用在大机组上的湿法脱硫技术主要有喷淋塔技术和液柱塔技术，且以单塔为主，即湿法脱硫单塔强化技术。该类技术目前应用较多的包括旋汇耦合湿法脱硫技术、沸腾式泡沫脱硫技术、双循环湿法脱硫技术，尚在开发阶段的技术有双循环湿法脱硫技术、三氧化硫脱除技术等。在烟气脱硫领域，我国已拥有 30 万 kW 火电机组自主知识产权的烟气脱硫主流工艺技术，但在大型火电机组脱硫工艺技术方面还缺乏自主知识产权。脱硝技术方面，主要是低氮燃烧技术、选择性催化还原技术（SCR）、选择性非催化还原技术（SNCR）。近年来，主要趋势是进一步优化低氮燃烧系统，并在超低排放中进行技术的组合应用，如低氮燃烧+SNCR+SCR 脱硝，低氮燃烧+SCR 脱硝（增加催化剂层数）。我国的烟气脱硝技术主要为引进，缺乏拥有自主知识产权的技术。

（2）中游生产链

生产链主要是脱硫、脱硝相关设备的生产制造，以及脱硫、脱硝设施的安装等。脱硫设备制造业分为通用类设备（如风机、循环泵、阀门、球磨机等）和专用类设备（如除雾器、喷淋系统、收料器、布料器）。通用类设备生产规模大、货源充足、价格稳定；专用类设备大部分以脱硫公司定制方式配套供给烟气脱硫行业，由于产业的互补效应，价格和供应量相对稳定。目前国内脱硫设备生产企业较多，产品类别丰富，市场格局竞争比较充分，但是可生产多类别脱硫设备的企业相对较少，因此总体看脱硫设备生产企业多但相对分散。2014 年脱硫、脱硝的产业规模见表 5-3。

表 5-3　2014 年我国脱硫、脱硝产业规模

项目	脱硫	脱硝
产业规模/亿元	132	544.5

（3）下游服务链

目前，服务链主要是脱硫、脱硝设备的运营管理。脱硫的特许经营模式已经开始由 EPC 模式逐渐向 BOT 模式转变，具有运营管理经验且具备 BOT 资质的企业将迎来良好的市场局面。脱硝的特许经营市场规模小，参与的企业不足 10 家，随着火电脱硝行业的发展，特许经营市场规模有望迅速扩大。脱硫脱硝行业产业链上下游关系以及市场技术情况见表 5-4。

表 5-4　脱硫脱硝行业产业链上下游关系以及市场技术情况

<table>
<tr><th>产业链</th><th colspan="2">产业</th><th>市场及趋势</th></tr>
<tr><td rowspan="2">上游</td><td rowspan="2">原材料、催化剂等</td><td>脱硫</td><td>脱硫生产企业较多，市场竞争较充分</td></tr>
<tr><td>脱硝</td><td>脱硝催化剂关键核心技术被美国、日本等发达国家垄断，国内缺乏拥有自主知识产权的技术</td></tr>
<tr><td rowspan="2">中游</td><td rowspan="2">设备、配件生产</td><td>脱硫</td><td>钢铁、水泥等行业设备需求高峰期已过，未来主要在新建火电机组和现有火电脱硫机组的改造升级方面开拓市场</td></tr>
<tr><td>脱硝</td><td>“十二五”期间，氮氧化物作为约束性指标纳入总量控制范畴，总量控制推动行业快速成长；脱硝技术前后端结合使用是未来趋势</td></tr>
<tr><td rowspan="2">下游</td><td rowspan="2">运营管理</td><td>脱硫</td><td>特许经营模式由 EPC 转向 BOT 模式，经营规模有很大提升空间</td></tr>
<tr><td>脱硝</td><td>特许经营规模较小，亟需拓展市场规模。随着火电脱硝行业的快速发展，特许经营模式有望在脱硝领域快速推广</td></tr>
</table>

5.3.3 VOCs 治理产业链

（1）上游供应链

挥发性有机化合物（VOCs）的治理技术主要包括吸附回收、吸附浓缩、催化燃烧和高温焚烧、蓄热燃烧、低挥发性有机溶剂等技术，同时，低温等离子体和生物治理技术发展较快。吸附回收技术目前在包装印刷行业应用最为广泛，吸附浓缩技术在汽车制造等喷涂行业应用广泛，蓄热式热力焚烧技术和蓄热式催化燃烧技术逐步替代传统的催化燃烧和高温焚烧技术。目前，多项技术组合应用得较多，因 VOCs 成分极其复杂，化合物性质各异，采用单一的治理技术往往难以满足排放要求，需多项技术组合，如吸附浓缩+焚烧/吸收技术，低温等离子体+吸收/催化焚烧技术，活性炭吸附回收+沸石转轮吸附浓缩+冷凝回收技术等。目前，VOCs 治理技术数量多但水平参差不齐，与二氧化硫、氮氧化物、烟尘等治理水平相比还比较低，行业内尚未培育形成具有带动能力的龙头骨干企业，低质低价恶性竞争问题比较突出。

（2）中游生产链

目前，全国从事 VOCs 治理的企业有 200～300 家，其中约有 50%的企业是近 3 年内新注册成立或由除尘、脱硫、脱硝等其他治理行业兼顾 VOCs 治理。VOCs 治理装备市场潜力巨大，目前成熟的治理技术（如吸附法、热力燃烧法、蓄热式催化燃烧法等）都有配套的设备实现产业化。

（3）下游服务链

从“十二五”到“十三五”，VOCs 政策体系经历了从无到有的过程，相关政策进入密集出台期。我国“十三五”规划纲要提出，在重点区域、重点行业推进 VOCs 排放总量控制，排放总量下降 10%以上。VOCs 治理的排污收费政策和补贴政策在国内的逐渐落地，将有利于 VOCs 监测设备和第三方运营服务行业的发展。但就目前来看，VOCs 监测能力不足，在线监测设备、便携式监测设备等无法满足监管要求，这对于服务业既是机遇也是考验。VOCs 治理产业链如图 5-3 所示。

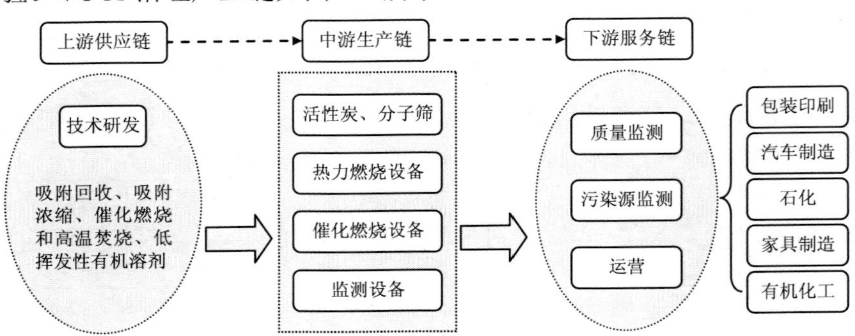

图 5-3 VOCs 治理产业链

5.3.4　机动车污染治理产业链

（1）上游供应链

机动车污染治理产业链上游主要是各类机动车污染防治技术的研发，包括机内净化技术和机外净化技术。机内净化技术主要包括废气再循环技术、电控燃油喷射系统，净化技术针对不同的机动车略有差异，如国五汽油车排放控制技术（发动机系统、车载诊断系统 OBD 性能优化、车载加油油气回收系统 ORVR）。机外净化技术主要是尾气催化净化技术，催化剂是核心。目前贵金属催化剂、非贵金属催化剂得到了最为广泛的应用，稀土催化剂是研发的新方向。

（2）中游生产链

主要是机动车治理装备的生产，包括在用车环保装备、新车环保装备、新能源汽车及相关产品。对于新车增长，轻中型柴油车、重型柴油车和轻型汽油车分别以 170 万辆/年、180 万辆/年和 1 500 万辆/年的增长量计算，新车环保装备每年分别需 540 亿元、900 亿元和 3 000 亿元，这些新车成为在用车后，每年至少有 300 亿元的后处理市场。

（3）下游服务链

下游服务链主要包括机动车尾气排放检测、监测服务。目前尾气检测、监测技术相对成熟，除有专门的机动车尾气检测机构外，还有环境综合服务提供企业，监测要素覆盖废气、空气等。

5.4　大气环保产业链微笑曲线分析

5.4.1　微笑曲线理论的提出

微笑曲线（smile curve）理论最早由台湾宏碁集团创始人施振荣根据波特的价值链理论和他多年 IT 行业的从业经验于 1992 年提出的。微笑曲线理论认为：制造业的价值链包括 3 个主要的环节，即研发、生产制造和营销（陈致中，2004）。以横坐标来表示产业链的主要活动，以纵坐标来表示不同环节的附加值，将不同环节的附加值进行连线，形成开口向上，形如“微笑”的曲线，因此被形象地称为微笑曲线，见图 5-4。

从“微笑曲线”的简图可以看出，从产业链产品的研发到终端产品的销售，以生产制造环节为分界点，各环节创造的价值会随要素密集度的变化而变化。一般来说，处于产业链的上游和下游即微笑曲线的前端和后端的研发和营销可以产生较高的附加值，是整个产业链的高价值环节，中间的生产制造利润小，竞争激烈，是低价值环节。由此可见，微笑曲线即附加价值曲线，它所体现的是附加值随产业链上、中、下游不同环节变化而变化的规律。这些业务工序、分工互不相同但又紧密相连的产业链活动，形成了一个价值创造的动态过程，这就是所谓价值链（Pietrobelli et al.，2011）。

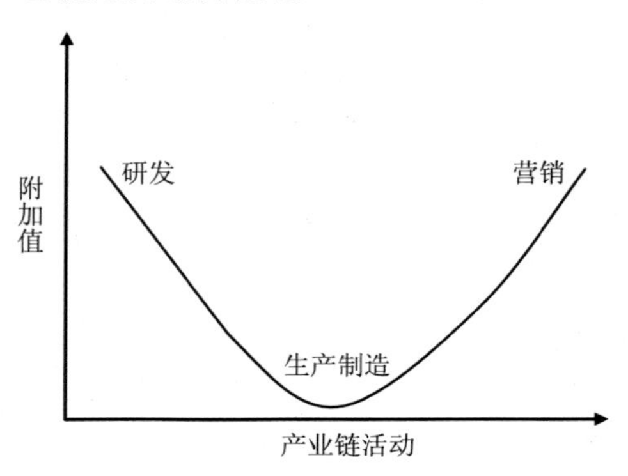

图 5-4　微笑曲线

5.4.2　不同类型环保产业链微笑曲线分析

（1）国内外环保产业链价值增值情况对比分析

从世界范围来看，由于各国的经济发展阶段和技术发展水平的差异，环保产业处在不同发展阶段，环保产业链微笑曲线的形态也各异。美国、日本、西欧等国家经过几十年的发展，环保产业已经进入技术成熟期，且已经成为国民经济的支柱产业。这些国家拥有大多数环保设备、产品生产的关键技术知识产权，其环境服务业以相对高端的环境综合服务业为主，根据环境与经济政策研究中心相关统计数据，2010 年美国环境服务业占 GDP 比重为 1.13%左右，西欧环境服务业占 GDP 比重平均约为 0.9%。2010 年，美国、日本、西欧 3 地区的环境服务业产值占全球环境服务业产值的 80%左右。这些发达国家的环保产业链微笑曲线（图 5-5）已经实现了产业链前端和后端高价值环节的增值。

而我国的环保产业与发达国家相比仍然存在一定的差距。我国环保产业的发展大致经历了理念构建阶段、初步发展阶段、快速发展阶段和自 2010 年至今的产业升级阶段。产业发展也已经呈现出从最初的环保设备生产到现在的研发能力明显提升，环境服务业快速发展。目前我国环保产业的价值增值主要体现在研发和关键设备的制造方面，在工程安装、后续维护服务等方面基本是免费的，污染设施运营有部分盈利。总体上，按照我国环境服务业目前的发展水平，到 2025 年有望实现产值占 GDP 比重达到 1%。因此，目前我国环保产业链微笑曲线整体呈现图 5-5 中的形状。由于环保产业的细分领域比较多，不同领域的生产、销售等情况不同，因此不同类型产业的微笑曲线形态也略有差异，需要具体分析。

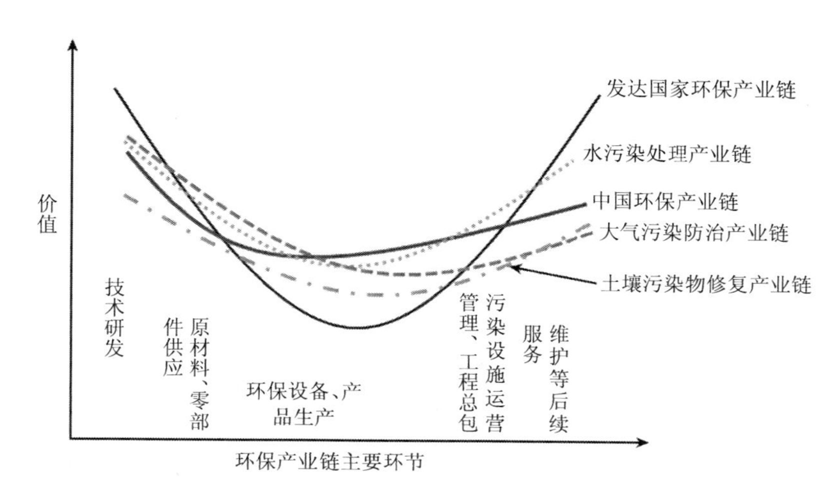

图 5-5　不同类型环保产业链微笑曲线比较

（2）我国大气环保产业链微笑曲线分析

目前大气污染防治产业链的增值主要是大气污染防治设备、产品、催化剂以及部分关键设备、技术的创新研发方面，我国的电除尘、袋式除尘技术等已基本达到国际先进水平，电厂烟气超低排放集成技术推广受到肯定。大气环境服务业方面，大气污染防治设施的运营基本免费，其他类型的服务包括大气环保工程总包等，由于国家对从事服务性节能环保行业的企业要求较高，因此从事的企业为数不多，也尚未产生良好的效益。因此，大气污染防治产业链的微笑曲线呈现前端相对较高，后端相对平缓的形态。

5.5　大气环保产业链存在的问题分析

（1）产业链发展不平衡，仍有缺链、断链部分

大气环保产业链存在各环节发展不平衡、不协调的问题。例如，产业链上游研发环节投入不足，直接导致大气污染治理设备、产品技术含量不高、附加值低，效率不高；大气环保基础设施、火电厂烟气特许经营等市场化服务模式有待改善，大气环保产业公共服务平台尚未建立和完善，大气环保服务业发展还比较滞后，形成中间强、两头弱的格局。

此外，从全产业链构建的角度来看，大气环保产业链仍存在缺链、断链部分，如 VOCs 治理装备发展迅速，但配套的上游技术研发和后续的服务尚未有衔接，还有废气的回收利用方面也鲜有突破，离全产业链的构建还有差距。

（2）产业链上游的技术创新能力有待进一步提升

尽管产业链上游电除尘、袋式除尘技术等已基本达到国际先进水平，脱硫设备基本实现国产化，脱硝技术和催化剂等取得积极进展，电厂烟气超低排放集成技术推广受到

肯定，但是我国与国外的技术相比差距仍然较大，尤其是在一些重点领域的关键技术上进展较慢，如在有机废气治理等方面由于起步较晚，治理技术水平较低。在脱硝技术开发应用、有毒有害气体控制、柴油车污染物控制、高温滤料生产等技术领域，还处于发展应用前期。在重金属污染、二噁英和其他持久性污染物控制技术方面还处于研究开发起步阶段。现有的高新技术产品中，拥有自主知识产权的比重还比较低，研发投入明显不足。企业创新主体的地位仍未得到确立，拥有核心技术、具有核心竞争力的企业还不够多。因此，大气污染控制技术创新作为中下游的动力源，未来仍有待进一步提升。

（3）下游服务链的综合服务能力较弱

由于大气环境服务业尚处起步阶段，同时受制于产业链中、上游一些关键技术缺乏以及人才、知识和信息交流与合作的不畅通，大气环境服务业的发展还有许多制约因素。大气环境服务业的社会化和专业化程度低，全方位的服务体系不完善，市场化程度低，导致大气环境污染治理设施运转效率低下，具有一体化综合打包解决能力的大型综合性环境服务企业较少。此外，大气环保信息咨询服务业普遍存在规模小、技术手段落后的问题，造成大气环境咨询公司和中介机构的服务网络建设无法满足市场需求，且大气环境服务业的公共服务平台尚待建立和完善。由此可见，我国的大气环境服务业解决综合问题、提供综合服务的能力还比较弱，有待进一步完善。

（4）产业链外部环境有待改善

产业链发展的外部环境包括市场机制、法律法规、政策、标准等，直接影响产业链的效率。我国大气环保产业链的外部环境还存在以下几个方面的问题：首先，大气环保产业的市场监管不到位、市场竞争不规范、竞争机制不健全，存在恶性竞争现象。政府和社会资本合作模式（PPP）、第三方治理等市场化模式，由于政府和市场、第三方和排污主体的责任界定不清，缺乏相应稳定的法律保障等，制约了这些市场化模式在实践中的实施。其次，没有形成系统化配套的财政、税收等政策体系，大气环保产业金融政策缺乏创新，大气环保企业面临融资难的困境。最后，随着大气环保产业市场的逐步放开，市场进入门槛降低，部分行业的标准缺乏，导致众多企业纷纷进入，但企业规模普遍偏小，竞争格局分散。

5.6 大气环保产业全产业链优化对策

（1）促进产业链各环节平衡发展

大气环保产业链上、中、下游 3 个环节的发展不平衡，尤其是处于价值链顶端的下游服务链还比较弱，因此，需要提升大气环境服务业的综合服务能力，促进不同类别服务业的发展，提高大气环境工程建设与运营的市场化、标准化、规范化和现代化水平，完善大气环境咨询服务业，鼓励大气环保产品认证咨询等的发展，促进大气环境贸易与金融服务业的发展，鼓励大气环保相关产品的专业营销、进出口贸易。

（2）拓展上游各行业环保材料与药剂的研发

除尘行业重点发展布袋除尘器专用滤料和覆膜滤袋，主要为低阻高效耐用的芳纶、聚苯硫醚（PPS）、聚酰亚胺、聚四氟乙烯（PTFE）、防静电纤维及滤料、改性玻纤/PTFE、复合纤维及滤料（如 P84 玻璃纤维复合针刺毡、PTFE 玻璃纤维复合针刺毡和 Nomex 玻璃纤维复合针刺毡等），静电除尘材料主要为耐腐蚀耐磨损的钢材材料。脱硫行业主要发展脱硫石膏和废水中 Hg 等重金属螯合剂、稳定剂等脱硫药剂。VOCs 治理材料主要为活性炭、沸石等分子筛、陶瓷等蓄热体、生物菌剂和填料、水性涂料等。机动车尾气治理材料主要为抗硫性好的选择性催化还原（SCR）催化剂、碳罐用活性炭等。

（3）加快上游各行业关键零部件的研发设计

除尘行业重点是加快布袋除尘关键设备清灰系统的喷吹电磁阀的改良，静电除尘器关键设备旋转电极、配套供电电源（高频高压电源、脉冲高压电源和三相高压电源）等的研发。脱硫行业重点是加强关键设备的供应，包括耐腐蚀耐磨损的浆液循环泵、真空皮带脱水机、增压风机等。脱硝行业重点是加快还原剂添加喷射设备、催化还原反应器、催化剂再生关键设备等的生产供应。VOCs 治理行业关键设备主要为吸附浓缩与回收装置、催化蓄热燃烧设备、生物反应器、低温等离子体反应器等。机动车尾气净化关键设备包括：柴油车（含非道路移动机械）主要为稀 NO_x 催化器 LNC、NO_x 捕集器 LNT、细颗粒过滤器 DPF、微粒氧化催化转化器 POC、催化氧化转化器 DOC 等；汽油车主要为发动机、车载诊断系统 OBD、车载加油油气回收 ORVR 装置等；摩托车主要为化油器、电喷系统、催化转化器和碳罐等。

（4）加快上游关键技术的突破

除尘行业重点研发静电除尘器低温、低低温、湿式、旋转电极式、电凝聚、电除尘配套供电电源新技术等，重点研发袋式除尘器的节能清灰技术、布袋破损的在线检测与更换技术、低阻高效耐用的滤料及涂层技术，特别是对 $PM_{2.5}$ 高效过滤的滤料及涂层技术。此外还要加快研发电袋复合除尘器防止臭氧腐蚀耐用的滤料、长期低阻力运行技术等。脱硫行业重点研究低阻力二级串联循环吸收技术、吸收塔内增加托盘等技术。脱硝行业重点研究应用于钢铁、有色、水泥等行业的低温选择性催化还原烟气脱硝催化剂、SCR 催化剂再生技术、工业锅炉与窑炉低氮燃烧技术等。

（5）加强中游大气污染检测设备的生产能力

重点加强满足超低排放监测要求的低浓度高含湿烟气细、超细颗粒物，NO_x，SO_2，SO_3 以及硫酸雾，Hg，NH_3 等在线监测、检测设备的生产，还有固定污染源 VOCs、恶臭等关键污染物排放在线监测、检测技术设备，VOCs 气相色谱—质谱快速监测、检测技术设备的生产能力。同时，还要加快超细颗粒物和 VOCs 等在线监、检测技术设备以及移动污染源超标排放快速识别技术设备的研发。

此外，大气低浓度挥发性、半挥发性和颗粒态有机物高灵敏度在线监测、检测设备；大气颗粒物源识别在线监测、检测技术设备；大气污染多平台天空地一体化实时监测设备，包括大气污染多参数地基高分辨在线集成测量技术设备、车（船）载和机载走航观测技术设备、自由对流层与边界层物质能量交换的探测技术设备、卫星遥测技术设备等，都是今后需要重点加快研发生产的设备。

第 6 章　大气环保产业技术创新能力评价

6.1　环保产业技术创新研究概述

6.1.1　产业技术创新

技术创新理论最早由奥地利经济学家约瑟夫·熊彼特在《经济发展理论》中提出，他指出“技术创新是资本主义经济增长的主要源泉”，认为创新是一个过程的概念。这一理论又在以后的其他著作《经济周期》《资本主义、社会主义和民主主义》中加以运用和发挥。熊彼特的创新理论提出之初并未受到学者们的青睐，直到 20 世纪 50 年代，随着科技的高速发展，技术创新对经济的作用日益被人们所认识，学者们从国家、产业、区域、企业等层面纷纷展开了技术创新的研究，现代技术创新理论在熊彼特的创新理论基础上衍生和发展起来。然而，虽然技术创新的研究受到了学者们的广泛关注，研究日益全面化和系统化，但是目前关于技术创新的研究仍然以企业为主，从产业层面研究技术创新的成果相对较少。

产业技术创新是伴随着技术创新理论的不断完善和逐步深入研究而提出的。20 世纪 90 年代是产业技术创新研究的新时期。1997 年，产业创新理论被首次提出，产业创新包括技术和技能创新、产品创新、管理创新（含组织创新）、流程创新和市场创新。目前，国外学术界对产业技术创新的研究虽然还不够完整，但也取得了一些重要成果，学者们从不同角度展开了对产业技术创新的研究。有学者指出产业技术创新的竞争力取决于要素条件、需求条件、产业结构、企业策略、结构与竞争者、机遇与政府行为 6 个要素。有学者从 R&D 人员、可用的外部知识源（公司和研究机构）、政治、法律、管理环境以及知识转移组织等方面分析了制度环境对产业技术创新的影响。

我国学者关于产业技术创新的研究起步相对较晚，但有一些学者针对其中的某一个或某几个方面进行研究并取得了一定的成果。

（1）产业技术创新概念

产业技术创新的定义已得到普遍认同，即产业技术创新是以市场为导向，以企业技术创新为基础，以提高产业竞争力为目标，从新产品或新工艺设想的产生，经过技术的获取（研究、开发和引进技术、消化吸收）、工程化到产业化整个过程的一系列活动的总和（庄卫民等，2005）。还有学者重点强调产业发展的共性技术和关键技术的创新，认为产业技术创新是对产业发展的共性技术、关键技术的研发和推广，是对在多领域内已经或未来可能被广泛应用，其研究成果可共享并对整个产业或多个产业及企业产生深度影响的一类共性技术、关键技术的创新。

（2）产业技术创新能力评价

产业技术创新能力是指采用先进的科学技术和手段开发新产品、新工艺使其形成经济效益的能力，是推动产业发展的能力（史清琪等，2000）。吴友军（2004）提出由创新资源投入能力、创新管理能力、研发能力、创新制造能力、创新产出能力、创新决策能力构成的产业技术创新能力评价指标体系。李荣平等（2003）提出从技术创新能力形成过程的角度评价产业技术创新能力的理论，并以此为基础建立了由创新和 21 个基础指标构成的产业技术创新能力评价指标体系。陈宝明（2006）在对产业技术创新能力决定因素进行分析的基础上，从创新资源投入能力、创新活动水平、创新产出水平 3 个方面构建产业技术创新能力评价指标体系。此外，还有学者对 IT 产业、高技术产业、装备制造业等具体产业的技术创新能力进行实证研究。

6.1.2 产业技术创新链

国内外学者从多个角度对创新链进行了研究。创新的实质是将生产要素进行新的组合并引入生产体系，在行业实现技术引领，为生产体系带来动力，注入活力，更好适应市场的发展，为产业创新系统创造利益。创新链是政产学研用紧密结合的结构模式，是多个主体协同合作的结果。李玉琼等（2017）认为，创新链是企业围绕相关产品，以提升产品竞争力、满足客户需求、实现自身利益最大化为目的，与相关企业及机构联结起来，开展创新合作，实现技术、知识的有效流动，并反哺产业链的链式功能结构。

国内外学者对产业创新链开展了研究。于斌斌（2011）从产业集群的角度论述产业链和创新链的关系，产业链和创新链相关物质、能量、信息通过集群平台实现对接，集群中的企业利益共享、互通合作、相互竞争，为企业创新创造动力，集群创新为产业链和创新链的融合创造可能。朱瑞博（2012）以上海的高新技术产业为研究对象，认为上海市高新技术企业实现产业链与创新链双链融合要创新投融资机制，让政府创新资金与社会资金向创新链转移，搭建好产学研开放式创新网络机制，把前端的基础研究、中端的技术服务及后端的成果转化和项目产业化形成一个完整链，使产业链和创新链得到整合。邢超（2012）分析了产业链和创新链融合的有效组织方式，认为组织管理的系统性对双链的融合提供了可能，产业的确定性、系统集成创新促进了产学研的融合、大产业链的形成。于军（2013）指出，资金链在产业链和创新链的融合过程中起着关键作用，健全的金融服务平台和经济政策为科技创新提供资金保障和发展动力，科技创新的发展需要金融的配套发展，资金链、创新链和产业链的融合发展是创新生态发展的必由之路。贺晓宇（2013）从我国低碳产业发展的角度对产业链与创新链融合存在的瓶颈，提出深化校企合作、加大创新投入、充分发挥市场调节、增加政府宏观调控是实现低碳产业双链快速融合的条件。

基于产业创新系统整体优化的角度，蔡坚（2009）认为产业技术创新链是指围绕某一个创新的核心主体（一般是企业），以满足市场需求为导向，以创新性知识供给、技术供给和产品供给为核心，通过技术创新、组织创新和管理创新将相关的创新主体联结起来，以实现技术产业化和市场化过程的功能链接模式。技术创新链是一个起于消费者并终于消费者的链式过程，具体包括需求分析—技术分析与预测—创新构思提出—基础研究—应用研究—设计开发—生产制造—市场化。创新主体包括高等院校、研究机构、企业、政府、中介机构、投融资机构等。技术创新链的内涵强调以下几点：第一，从创新源的角度，在一个以速度取胜、追求创新成功率的市场经济条件下，创新的来源主要来自顾客的需求。第二，各个创新主体之间存在创新知识、创新技术或创新产品的供给和需求关系，它是技术创新链存在的核心。第三，技术创新链的创新活动内容包括技术创新、组织创新和管理创新。第四，产业创新链的非线性与网络性特征。从传统观念上看，科学技术的发展是遵循知识生产与应用的线性模式，即基础研究→应用研究→开发→生产经营→技术扩散。但事实表明，随着知识经济及网络的发展，技术的创造、开发与应用遵循的不是线性模式，而是体现各类主体之间交互作用的非线性网状链接模式。第五，技术创新链是把现有的与技术创新有关的活动加以集成的一种工具，它的建立不需要从零开始，所有的要素都已经存在，只不过目前是相互孤立的。技术创新链的功能就在于整合和优化现有的资源，围绕一个有限的目标共同做出贡献。

6.1.3　环保产业技术创新

（1）环保产业技术创新概念

技术创新不仅是环保产业形成、发展最重要的驱动因素，而且是环保产业取得突破性进展的关键。目前，国内外对环境技术的概念和内涵还没有形成统一认识。环境技术可以认为是用于污染治理、清洁生产、生态保护、资源循环利用、洁净产品等方面的知识、技巧、工具、手段等的总称，包括技术研发、技术生产、技术交易、技术实施等过程。环境技术主要通过技术创新、技术交易和技术实施 3 个环节对环保产业产生影响。环保产业技术创新就是从节约资源、避免或减少环境污染的新产品或新工艺的设想产生到市场应用的完整过程，它包括新设想的产生、研究、开发、商业化生产到扩散一系列活动。

（2）环保产业技术创新评价

自20世纪70年代技术创新效率概念被提出以来，其概念内涵、影响因子、测度方法等受到国内外学者的持续关注，形成了包括算术法、前沿分析法（随机前沿分析、数据包络分析）、数理统计法（聚类分析、因子分析）等在内的多种评价方法，广泛应用于制造业，尤其是高新技术产业等技术创新效率评价。由于技术创新是涉及多投入、多产出、多阶段的复杂过程，而创新价值链可以分解技术创新的价值实现过程，国内外学者对创新价值链的概念内涵、结构和阶段以及不同环节和要素之间的交互关系等问题进行了研究，创新价值链也被应用到对不同产业企业的技术创新效率评价。

随着我国战略性新兴产业相关规划的实施，节能环保产业的（技术）创新效率也越来越受到学者的关注。孙红梅等（2015）运用概念数据模型（CDM）梳理环保产业创新投资、产出与效率的相互关系，建议引入多种创新投资渠道；王家庭（2011）认为我国工业环境治理的技术效率偏低，经济水平、产业结构、工业化率等是影响其提升的主要因素；肖更生等（2011）、张根文等（2015）、齐齐等（2017）基于我国节能环保上市公司数据，采用数据包络法分析技术创新效率，发现我国节能环保上市公司整体效率水平不高。

总体来看，学术界对环保产业技术创新评价的已有研究往往从投入、产出、效率、绩效等角度对环保产业的创新水平作出评价，由于环保产业统计口径缺失，缺乏细分数据，很多研究只能采用案例分析、调查问卷或代理指标等方法，对象也往往是选取的样本环保企业，难以全面把握环保产业技术创新的全局、趋势和方向。目前，对环保产业技术创新评价主要集中在环保产业技术创新效率，但是受限于环保产业统计数据缺失，评价多集中在微观上市企业层面，缺乏宏观层面对整体产业技术创新过程及其效率的把握。

近年来，与技术创新活动关系最为密切的专利，逐渐被应用于评价环保产业的技术能力、创新能力。例如，国家知识产权局曾组织相关单位开展包括节能环保产业在内的战略性新兴产业专利技术动向调查工作，分析重点技术和发展方向；王海军等（2018）基于专利数据分别从技术创新国际态势、产学研协同创新等角度研究战略性新兴产业的技术创新能力；林卓玲等（2019）基于专利数据分析了广东省环保产业的技术创新能力。但是没有细分环保产业类别，未有专门针对大气环保产业技术创新能力的量化评估研究。

6.2　环保产业技术创新效率评价

6.2.1　评价方法

（1）创新价值链模型

从技术创新价值链角度来看，技术创新价值实现过程是多投入、多产出、多环节的复杂过程，可以将环保产业技术创新价值实现过程划分为技术创新开发阶段和技术创新转化阶段（图 6-1）：技术创新初始投入经过第一阶段环保技术创新开发环节得到技术研发活动的直接成果，即形成新的环保技术；第一次产出作为第二阶段的投入，与第二次追加的资源投入一起，经过技术创新转化环节，将新技术应用到新的环保产品并进入市场转化成经济效益，形成可以支撑持续创新的信息流、资金流反馈。与一般的技术创新投入产出分析不同的是，新技术的产出属于中间产品，是最终价值产出的再投入。从创新价值链的视角可以分别审视我国环保产业技术创新活动的技术研发效率和技术转化效率，提高研究结果和决策应用的针对性。

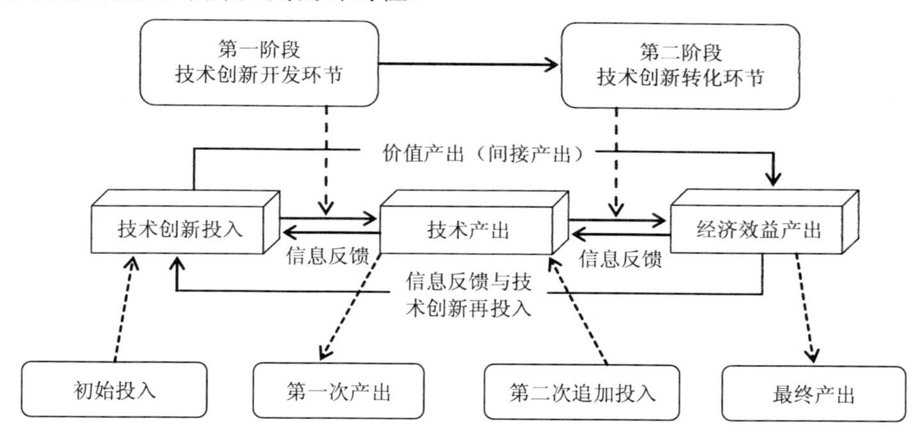

图 6-1　环保产业技术创新价值链模型

（2）数据包络分析

数据包络分析（DEA）（Chamers et al.，1978）是一种线性规划方法，在综合评价多输入、多输出的复杂系统的有效性问题时，DEA 由于不需要预设函数和预估参数，因而在避免主观因素、简化算法和减少误差等方面具有明显优势。

假设有 n 个决策单元（DMU），每个决策单元有 m 种投入要素和 s 种产出要素。则决策单元的效率评价指数如式（6-1）所示：

$$h_j = \frac{\sum_{k=1}^{s} u_k y_{kj}}{\sum_{i=1}^{m} v_i x_{ij}} \tag{6-1}$$

式（6-1）中，x_{ij} 为第 j 个决策单元的第 i 种投入，x_{ij}>0；y_{kj} 为第 j 个决策单元的第 k 种产出，y_{kj}>0；v_i 为对第 i 种投入的一种度量（权）；u_k 为对第 k 种产出的一种度量（权）。

通过适当选取权系数 u 和 v，使得所有 j 满足 $h_j \leqslant 1$。对第 j_0 个决策单元相对效率进行评价时，以 DMU_{j_0} 的效率指数为目标，以所有决策单元的效率指数为约束，可得到 DEA 优化模型：

$$\max h_{j_0} = \frac{U^T Y_0}{V^T X_0} = \frac{\sum_{r=1}^{s} u_k y_{kj_0}}{\sum_{i=1}^{m} v_i x_{ij_0}}$$

$$s.t. \begin{cases} \dfrac{\sum_{k=1}^{s} u_k y_{kj}}{\sum_{i=1}^{m} v_i x_{ij}} \leqslant 1, j = 1, 2, \cdots, n \\ V \geqslant 0,\ \ U \geqslant 0 \end{cases} \tag{6-2}$$

式（6-2）通过 Charnes-Cooper 变换，可转化为等价的线性规划数学模型，其对偶模型为

$$\min \theta = V\overline{P''}$$

$$\left(\overline{P''}\right) s.t. \begin{cases} \sum_{j=1}^{n} X_j \lambda_j + S^- = \theta X_0 \\ \sum_{j=1}^{n} Y_j \lambda_j - S^+ = Y_0 \\ \lambda_j \geqslant 0, j = 1, 2, \cdots, n \\ S^+ \geqslant 0 \\ S^- \geqslant 0 \end{cases} \tag{6-3}$$

式（6-3）中，λ_j 为对偶变量，S^+ 和 S^- 分别为产出和投入松弛变量。考虑环保产业技术创新边际收益不确定，加入凸性假设：$\sum_{j=1}^{n} \lambda_j = 1$，构建 BCC 模型：

$$\min \omega = VR$$

$$
(R)\text{s.t.}\begin{cases}\sum_{j=1}^{n}X_j\lambda_j \leqslant \omega X_0 \\ \sum_{j=1}^{n}Y_j\lambda_j \geqslant Y_0 \\ \sum_{j=1}^{n}\lambda_j = 1 \\ \lambda_j \geqslant 0, j=1,2,\cdots,n\end{cases} \tag{6-4}
$$

θ 、ω 是被评价决策单元的效率值，结果为 0～1。等于 1 时，表示决策单元 DEA 有效；等于 0 时，表示决策单元 DEA 无效。

6.2.2　指标选取

参考已有学者对多阶段投入产出评价指标体系的研究发现，技术创新初始投入一般包括人力、资金等，以研发人员数量、研发经费投入作为环保产业技术创新技术开发环节的投入指标；第一次技术创新产出是技术研发活动的直接成果，以获得专利数量、开发新项目数量作为技术开发环节产出指标。技术转化环节，是将新技术应用于产品，把新产品推向市场，从而转化为经济收益，这个过程中还需要追加投入相关资源，以第一次技术创新产出和追加投入的从业人员作为技术转化环节的投入指标；以形成新产品销售产值、新产品出口创汇作为第二次技术创新的产出指标。环保产业技术创新效率评价的投入产出指标见表 6-1。

表 6-1　基于创新价值链的环保产业技术创新效率评价指标

技术开发环节		技术转化环节	
投入指标	产出指标	投入指标	产出指标
研发人员	获得专利数量	获得专利数量	新产品销售产值
研发经费	新技术项目数	新技术项目数	新产品出口创汇
		研发人员之外从业人员	

以上指标数据来自环境保护部、国家发展改革委、国家统计局联合进行的第四次全国环境保护及相关产业基本情况调查，其中香港、澳门、台湾、西藏数据不完整未包含在内；调查的基准年为 2011 年。

6.2.3　评价结果分析

（1）技术创新投入和产出情况

我国各地区环保产业技术创新投入和产出差异显著，具体见表 6-2。从数量上来看，江苏、上海、广东、山东、北京、浙江等东中部地区投入的创新资源位居全国前列，宁夏、青海、甘肃、海南、贵州等西部地区在技术创新资源投入总量上远不及其他地区。但是从投入强度来看，并没有呈现明显的地区分异，如云南、陕西、新疆等西部地区研发经费和研发人员的投入强度都高于很多东中部地区。创新产出总量与投入总量的分布特征总体相似，但排名并不一致，如江苏人力和经费投入都是第一，但新产品销售产值和出口创汇分别只位居第四和第三，而江西、广西等地区的创新产出总量排名却明显领先于投入总量排名。

表 6-2　2011 年我国各地区环保产业技术创新投入产出

地区	研发人员/人	研发经费/万元	获得专利/件	新技术项目数/个	从业人员（不含研发）/人	新产品销售产值/万元	新产品出口创汇/万美元
北京	10 140	225 626	2 644	505	127 303	580 942	4 818
天津	2 953	67 312	363	87	54 351	237 107	3 215
河北	7 450	44 491	126	39	101 992	176 848	469
山西	1 714	14 878	133	39	54 357	201 184	0
内蒙古	487	7 703	37	18	38 222	77 686	25
辽宁	9 408	48 772	370	83	183 648	154 533	2 446
吉林	2 482	46 377	88	30	61 254	28 317	57
黑龙江	2 148	72 494	102	30	78 498	39 317	998
上海	8 955	363 481	1 463	233	112 342	6 656 594	1 483
江苏	23 639	907 548	5 366	468	346 119	1 788 488	21 934
浙江	11 829	186 436	2 343	311	241 043	838 738	17 378
安徽	9 194	72 289	822	126	131 855	481 755	5 190
福建	7 910	135 733	579	112	111 652	3 106 977	327 321
江西	3 297	95 522	496	41	82 415	1 593 426	1 781
山东	13 441	292 759	2 766	363	190 895	1 281 722	10 367
河南	4 774	97 262	914	146	125 716	350 024	5 675
湖北	7 939	187 409	1 212	224	122 411	517 921	8 104
湖南	3 439	99 404	1 100	68	74 227	525 857	2 591
广东	22 885	156 996	3 971	311	329 375	2 097 796	35 744
广西	1 194	47 665	59	17	45 919	550 126	54
海南	148	11 521	13	9	9 669	2 160	0
重庆	3 588	47 774	940	95	118 019	363 475	655
四川	5 546	71 953	2 868	142	113 908	252 200	194
贵州	625	11 026	196	14	41 986	7 149	51
云南	844	28 029	161	57	25 083	79 261	4
陕西	2 464	46 578	620	60	31 016	133 940	58
甘肃	299	4 466	24	10	8 060	16 037	0
青海	536	3 572	7	5	11 957	17 999	0
宁夏	304	3 554	9	11	13 350	6 242	300
新疆	754	28 674	324	44	30 774	50 872	284

注：数据来源于第四次全国环境保护及相关产业基本情况调查。

（2）技术开发环节效率分析

利用 DEAP2.1 软件，考虑环保产业技术创新投入承受政策、市场等内外压力，选择投入导向的 BCC 模型，采用擅长处理松弛变量的多阶计量技术求解模型，评价结果见表 6-3。我国环保产业技术创新过程中技术开发环节效率总体一般，30 个地区的平均值为 0.65，不同地区效率差异较大。北京、四川、云南、宁夏和新疆的综合技术效率为 1，说明相对于其他地区，这 5 个地区环保产业在技术开发环节同时达到了技术有效和规模有效。而河北、吉林、黑龙江、福建、江西和广西的综合技术效率都在 0.4 以下，说明这些地区的环保产业在技术开发环节存在创新资源投入浪费。

表 6-3　2011 年我国各地区环保产业技术开发效率

地区	综合技术效率	纯技术效率	规模效率	规模报酬情况	地区	综合技术效率	纯技术效率	规模效率	规模报酬情况
北京	1.000	1.000	1.000	不变	河南	0.670	0.671	0.999	递增
天津	0.576	0.577	0.997	递减	湖北	0.554	0.557	0.995	递减
河北	0.303	0.334	0.907	递减	湖南	0.636	0.643	0.990	递增
山西	0.911	1.000	0.911	递减	广东	0.864	1.000	0.864	递减
内蒙古	0.882	0.886	0.996	递减	广西	0.216	0.261	0.826	递增
辽宁	0.609	0.713	0.853	递减	海南	0.900	1.000	0.900	递增
吉林	0.264	0.266	0.994	递减	重庆	0.836	0.892	0.937	递减
黑龙江	0.211	0.234	0.904	递增	四川	1.000	1.000	1.000	不变
上海	0.431	0.543	0.795	递减	贵州	0.667	0.936	0.713	递增
江苏	0.478	1.000	0.478	递减	云南	1.000	1.000	1.000	不变
浙江	0.708	0.759	0.933	递减	陕西	0.627	0.633	0.990	递增
安徽	0.657	0.765	0.860	递减	甘肃	0.828	1.000	0.828	递增
福建	0.341	0.357	0.955	递减	青海	0.460	0.995	0.462	递增
江西	0.314	0.324	0.967	递增	宁夏	1.000	1.000	1.000	不变
山东	0.597	0.634	0.941	递减	新疆	1.000	1.000	1.000	不变

分解来看，纯技术效率平均值为 0.73，规模效率平均值为 0.90，总体上规模效率高于纯技术效率，尤其是综合技术效率小于 0.4 的 6 个地区对比更为明显，说明环保产业技术产出效率不高的原因主要是纯技术效率偏低，因此首先应通过优化创新组织、完善创新机制等提高纯技术效率。并且，东中部大多数地区都处于规模报酬递减状态，说明在当前技术产出水平下投入规模偏大，通过增加创新资源投入已经不能实现创新效率提升。而对于技术有效（或纯技术效率较高）、规模无效（或规模效率较低）且规模报酬递增的海南、贵州、甘肃和青海来说，加大研发人员和资金投入还可进一步提高技术产出效率。

（3）技术转化环节效率分析

考虑技术转化投入来自技术开发环节的产出，在技术转化环节选择产出导向的 BCC 模型，计算结果见表 6-4。我国环保产业技术创新中技术转化环节效率很低，平均值只有

0.23，30个地区中有21个综合效率值都在0.2以下，有很大的提升空间。只有上海、福建、江西和广西的综合技术效率为1，说明相对于其他地区，这4个地区环保产业在技术转化环节同时达到了技术有效和规模有效。

表6-4 2011年我国各地区环保产业技术转化效率

地区	综合技术效率	纯技术效率	规模效率	规模报酬情况	地区	综合技术效率	纯技术效率	规模效率	规模报酬情况
北京	0.084	0.095	0.882	递减	河南	0.081	0.083	0.980	递减
天津	0.129	0.131	0.983	递增	湖北	0.091	0.092	0.987	递减
河北	0.153	0.201	0.762	递减	湖南	0.238	0.242	0.983	递增
山西	0.222	0.222	1.000	不变	广东	0.213	0.373	0.571	递减
内蒙古	0.226	0.239	0.942	递增	广西	1.000	1.000	1.000	不变
辽宁	0.059	0.074	0.791	递减	海南	0.018	1.000	0.018	递增
吉林	0.037	0.041	0.898	递减	重庆	0.114	0.121	0.943	递减
黑龙江	0.049	0.052	0.943	递减	四川	0.058	0.059	0.976	递减
上海	1.000	1.000	1.000	不变	贵州	0.013	0.018	0.757	递增
江苏	0.128	0.304	0.422	递减	云南	0.096	0.106	0.906	递增
浙江	0.091	0.154	0.590	递减	陕西	0.078	0.091	0.853	递增
安徽	0.126	0.130	0.968	递减	甘肃	0.106	1.000	0.106	递增
福建	1.000	1.000	1.000	不变	青海	0.276	1.000	0.276	递增
江西	1.000	1.000	1.000	不变	宁夏	0.099	0.262	0.379	递增
山东	0.124	0.209	0.592	递减	新疆	0.039	0.044	0.884	递增

分解来看，纯技术效率平均值为0.35，规模效率平均值为0.78，纯技术效率远低于规模效率，未达到DEA有效的26个地区中23个都存在纯技术效率低于规模效率的现象，说明环保产业技术转化效率较低的主要原因并非是投入规模不足，而是创新技术、组织或机制等方面存在问题。而且，东中部和东北大多数地区都处于规模报酬递减状态，说明相对于技术转化产出水平，再投入规模偏大，也侧面反映出技术转化效率较低的现状。而对于海南、贵州、甘肃、青海、宁夏等规模无效（或规模效率较低）且规模报酬递增的部分中西部地区，则可以着重加大人力等资源投入以发挥规模效益，提高技术转化效率。

（4）技术创新投入产出效率总体分析

参考对高技术产业区域创新效率的分类方法和标准，本书根据对环保产业技术创新价值链中技术开发环节和技术转化环节效率的评价结果，对30个地区进行分类，以期更有针对性地制定技术创新效率提升对策：以0.6作为分界线，将综合技术效率值高于0.6的界定为高有效类地区，综合技术效率值低于0.6的界定为低有效类地区，具体分类结果如图6-2所示。

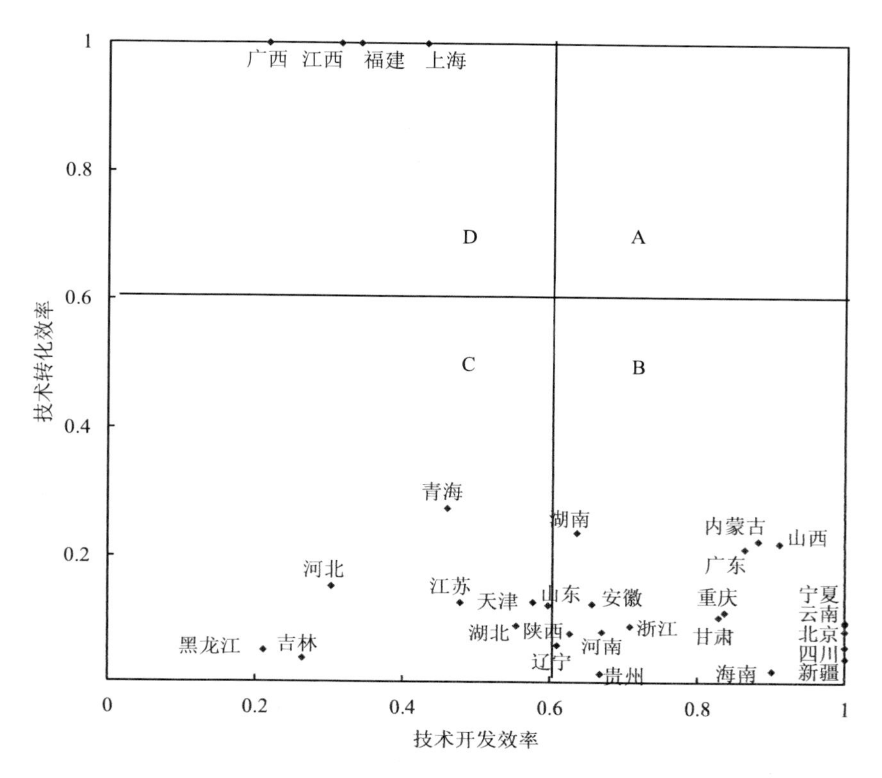

图 6-2　2011 年我国环保产业技术创新效率的地区分类

①A 区为高开发、高转化型。该类分区内，环保产业创新技术开发效率和转化效率都比较高，在有限的创新资源投入下能够实现较大的技术创新产出和价值产出。然而本研究中，尚未有能够入选该类分区的地区，说明我国环保产业技术创新效率仍然较低。

②B 区为高开发、低转化型。该类分区内，技术开发效率高、转化效率低。本研究中有 18 个地区划归该类分区。其中，北京、四川、云南、宁夏和新疆都位于技术开发生产前沿面上，北京拥有全国较好的高校和科研机构，聚集全国一流的高新技术人才，成为技术开发的“领头羊”；其余地区的技术研发有效可能是因为这些地区，尤其是西部地区的环保技术创新规模相对较小，人才、资金相对缺乏，创新系统对创新资源的使用率高，所以人才和资金对创新系统的贡献度也比较大。可以看出，这类地区的环保产业在既定的创新资源投入下能够相对有效地产出相当数量的新专利和新技术，但是还不能相对有效地实现新产品经济收益，这说明我国环保产业在技术创新价值实现过程中可能存在技术与市场脱节，造成技术创新未能充分转化为经济效益。因此，要加快该类地区环保产业的技术产业化和商业化步伐。

③C 区为低开发、低转化型。该类分区内，技术开发效率和转化效率都比较低。本研究中有 8 个地区划归该类分区。其中，环保创新投入大省江苏也划入此分区，因

为尽管江苏在创新人力和经费投入上都远超其他地区，但在创新产出上却没能位居第一，因此从创新效率上看存在创新资源投入浪费。这类地区的环保产业在技术研发阶段投入了大量的人力、财力，但疏于效率的提升，同时在技术转化阶段投资盲目，造成技术创新效率低下。因此，处于该类分区的地区创新能力提升任务重、潜力大，在环保产业技术创新过程中不仅要提高技术转化效率，更要提高技术创新的产出层次和水平。

④ D 区为低开发、高转化型。该类分区内，技术开发效率低、转化效率高。本研究中有 4 个地区划归该类分区。这 4 个地区可能是因为拥有发达的市场、交通或资源等优势，为新产品销售或出口创造了良好的外部条件，但是技术研发能力的薄弱可能会制约环保产业技术的可持续发展。因此，该类地区要将发展重点放在研发能力提升上，培育环保企业的核心技术优势。

总体来看，我国环保产业技术创新效率偏低，尤其是技术转化效率很低。具体表现为，随着创新资源投入加大，以专利、新技术等为代表的技术产出量已相当可观，然而技术产业化、商业化效率低下，大量技术创新的一次产出没有转化为相应的经济价值，产业技术创新的盈利能力没有能够与研发能力齐头并进。因此，要加快推进环保产业技术转化步伐，加快环保产业的技术产业化和商业化。环保产业技术创新价值的实现需要技术研发和技术转化环节协同共进，尤其当技术转化效率低下已经影响到技术创新整体效率的提升时，更加需要重视技术产业化、商业化效率。

许多地区非常重视环保产业技术创新资源投入，但创新产出却不理想。造成创新效率低下的原因并非创新投入不足，而是创新方向、组织和机制等方面存在问题。因此，强化企业核心技术优势、优化创新组织模式、完善创新市场机制和环境等，应当是提升我国环保产业技术创新能力的重要任务。提升环保产业技术创新的产出层次和水平，只增加创新投入未必能够带来相应的创新产出，尤其我国东部、中部很多地区都处于规模报酬递减状态，因此，不仅要增加创新投入，更要提高创新效率。

以贵州、甘肃、青海等为代表的西部地区环保产业技术创新规模效率低下且规模报酬递增，创新资源投入不足制约了这些地区创新能力的提升。因此，要拓展环保产业技术创新投入模式，加大对重点地区和重点领域的支持力度。拓展环保产业技术创新的投入模式，进一步加大资金、人才等创新资源投入。加大对中部、西部重点地区和重点领域的财政支持力度，设立环保产业技术创新基金，拓展信贷、证券、保险等融资新渠道。

6.3　环保产业技术创新能力评价

6.3.1　环保产业创新能力概述

（1）定义和内涵

所谓环保产业创新能力，概括而言就是指运用新的环保理念、知识、理论等开发环保新产品、新工艺、新管理、新组织和新服务，并使之市场化、产业化的能力，其最终目标是提升环保产业竞争力，带动区域经济又好又快发展。环保产业创新能力分析见图 6-3。

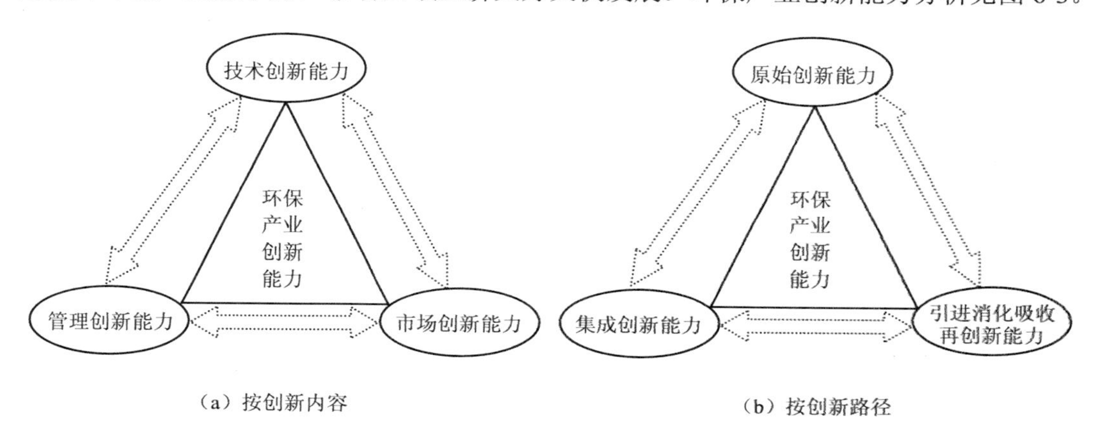

图 6-3　环保产业创新能力分析

环保产业创新能力是一个能力系统。从创新内容来看，环保产业创新能力由环境技术创新能力、环境管理创新能力和环保市场创新能力构成。其中，环境技术创新能力是指引入或自主开发新的环保技术、产品及服务，推动环保产业发展的能力，取决于创新个体的技术创新能力，同时与产业组织结构、产品结构等紧密相关。它是环保产业创新能力的核心要素，也是衡量环保产业创新能力强弱和影响环保产业竞争力的关键因素。环境管理创新能力是为环境技术创新活动和过程提供和营造政策、制度和法规等创新环境条件的能力，而环保市场创新能力是为环境技术创新提供公平竞争的市场环境的能力，二者共同构成了环保产业技术创新能力的基础和保障。

从创新路径来看，产业创新能力分为三大创新路径：原始创新能力、集成创新能力和引进消化吸收再创新能力。其中，原始创新能力反映了一个国家或地区整体科技创新能力和水平，是产业创新的基础能力。原始创新能力强意味着一个国家或地区在基础科学和技术前沿领域基础积累丰厚，具有领先的创造力。而集成创新能力和引进消化吸收再创新能力是建立在原始创新能力基础上的，反映了对现有技术的集成、组合能力和对创新链上关键环节的重大改进能力。

（2）影响因素

从系统论角度来看，环保产业创新能力的影响因素可分为内部因素、外部因素。

1）内部因素。

内部因素是指环保产业系统内部的一系列创新条件，直接影响环保产业创新能力的强弱，主要包括环保产业创新主体的创新观念和战略、环境技术研发能力（用R&D投入强度表示、环保产业整体技术水平）、创新资源（从事环境技术和服务创新的研发机构、人力资源、创新平台等）、创新组织（如政产学研创新战略联盟）。

① 创新观念和战略。环保产业创新是一个过程，创新能力的形成不会一蹴而就，需要经过一个漫长的建设和培育过程，要在不断的历练中逐步形成。对创新能力的培育和提升，需要有战略思考和战略准备，即根据环保产业发展的国内外现状与趋势，制定国家、地区、企业等不同层次的环保产业创新战略规划，并随着环境科学技术的发展、国际相关政策形势的变化等对环保产业创新方向、目标和发展策略进行战略性调整。

② 环境技术研发能力。环境技术是环保产业发展的基础和前提，环境技术研发能力则是环保产业技术创新发展的基本条件。影响环境技术研发能力的因素包括R&D投入强度和产业整体技术水平。

R&D投入强度。R&D是技术创新活动的重要组成部分。统计分析表明，R&D投入量与技术创新强度、规模和水平间有很强的相关性。作为技术创新前期阶段的R&D活动，其投入量有较强的独立性，这为规范化统计分析提供了可能，而且具有较好的纵向和横向可比性。因此，R&D投入量目前被作为技术创新评价最有代表性的基础参数之一，是决定技术创新能力大小的重要因素。

产业整体技术水平。创新的过程就是技术变革及其实现的过程。产业整体技术水平包括物化技术和组织管理技术，都直接影响产业技术创新的全过程。优良的生产设备能使企业以较小的新增投入，有效吸收和转化R&D成果或引进技术，迅速达到创新条件下的规模生产。广泛灵活的销售网络和优良的售后服务，为创新产出奠定市场实现的坚实基础，成为扩大企业创新社会影响的窗口，从而提升整个产业的市场营销能力并影响整个产业技术创新能力。

环保产业的整体技术水平以企业的技术能力为基础，涉及环保产业的多个方面且彼此影响。从环保产业生产技术的整个发展过程来看，环保产业技术不是孤立存在的，而是在现有技术基础上逐步形成和发展的。

③ 创新人才。创新是一个系统过程，必须充分调动和发挥创新组织内部人力资源优势和创造力，并使整个组织始终处于富于创新活力的状态才能为之。环保科研队伍是环保产业发展的首要条件，也是环保产业创新的重要载体。环保产业创新人才是环保产业

创新体系中重要的构成要素，直接决定了环保产业创新能力。随着经济全球化、市场一体化和知识经济时代的到来，高素质人才已成为推动经济发展和社会进步不可或缺的关键因素。没有一支精干、高效的环保科研队伍，没有一流的、高素质的、富于创造力的环保产业创新型人才，就不可能有创新的、领先的环保技术，环保产业就不可能发展和进步，环保产业竞争力也就无从谈起。

④ 创新平台。如果创新型人才是环保产业创新的智力资源和灵魂，那么环保产业创新基地和创新平台则是环保产业的创新之本，是构成环保产业创新能力的硬件条件。环保产业的高技术特性决定了环保新技术、新工艺、新产品的研发必然依靠专门化的、高水平的环保产业创新基地和创新平台，如国家或地区级的环保产业创新基地、国家工程实验室、工程中心等。只有通过整合所有创新资源搭建，形成环境技术创新平台，才能聚集各类优秀人才，酝酿、孵化和形成新知识、新理念、新思想并转化为新技术、新工艺、新产品，否则，难以支撑环保产业的创新发展。

⑤ 创新组织及其运行机制。现代产业是建立在社会化大生产基础上复杂的分工协作组织体系，合理的产业集中度对提高产业竞争力至关重要。环保企业是环境技术研发和应用的主体，也是创新投资主体、创新决策主体，特别是创新资源和资本雄厚、创新力和带动力强的大型环保龙头企业，对提升环保产业创新能力具有极大的促进作用。

随着环保产业的多元化和一体化，环保产业的创新活动和过程对创新组织的要求越来越高，仅依靠企业个体或科研机构难以完成关键共性技术的研发、示范和推广应用，需要企业、政府、科研机构组成产业创新联盟，建立以企业为主体、市场为导向、产学研相结合的产业技术创新体系已成为环保产业创新发展的必然趋势。

2）外部因素。

外部因素是影响环保产业创新发展的各种外部环境条件，主要包括政策、制度、法规，以及环保市场状况等。由于环保产业是一类高技术型的战略新兴产业具有公益性特点，产业技术的研发需要承担较高的成本和风险，因而政策和市场等成为影响环保产业创新能力的重要外部因素。

① 政策和制度。一般而言，产业技术创新直接或间接受国家产业技术创新政策的影响，产业技术创新政策是维系和促进技术创新的保障因素。

环保产业与其他产业相比，具有准公共物品性和公益性特点，对政策、制度、标准的依赖性较强。环保产业创新能力的培育需要政府通过制定适于产业创新的财税政策，完善创新制度安排，营造良好的产业创新制度环境条件。在很多情况下，基础性、创新性的科研技术项目，其社会效益大大高于私人收益，私人付出的创新成本在很多情况下很难得到充分的补偿，导致缺乏参与的动力。因此，环保产业创新离不开政策和法规的支撑，即必须创新环境管理制度体系，突破传统的环境管理框架，按照环保产业创新的规律和要求建立健全新型的环境管理制度、政策和法规体系，形成有利于环保新技术、新工艺、新产品研发和推广应用的外部环境条件。

从国际经验来看，为顺应环保时代经济社会的发展趋势，很多国家都通过立法和政策扶持，为发展本国环境技术创新和环保产业发展创造良好的外部环境条件。环保产业创新政策、法规越健全，环保标准越严格的国家，环境技术创新水平越高，环保产业竞争力就强。对于广大的发展中国家而言，资本市场尚不健全，难以对需要大量资金投入的新技术产业提供足够的支持。这就需要政府在资金、政策上的刺激和扶植，使之尽快形成规模经济、降低边际成本、培育本国新兴产业和战略性产业的竞争优势。

② 市场环境。环境技术创新是针对环保市场需求开展环保新技术、新工艺、新产品的设计和研发，直至创新成果的推广和应用，并取得经济、社会和环境效益的过程，由此形成了一条完整的环保产业创新链条，而环保市场是展示、检验和实现环境技术创新成果的最终平台。

环保市场状况是影响环保产业创新能力的一个重要因素。良好的市场秩序能够提升创新主体的创新愿望和动力，促进创新成果的产出，加快创新成果的转化和应用，否则，地方保护、部门垄断和行业割据等不公平竞争现象的存在将导致环保产业市场秩序混乱，知识产权保护不力，从事环保产业经营活动的企业良莠不齐，技术水平和产品质量参差不齐，不但不利于培育和建设环保产业创新能力，而且极大地挫伤创新者、经营者的积极性，严重阻碍环保技术进步和产业整体竞争力。

由于环保产业受其本身的独特性和发展阶段的制约，传统的市场条件和运行机制已难以满足环保新技术、新工艺、新产品的推广和应用，有必要制定新的环保产业市场准入制度和规范，加大知识产权保护力度，加强市场监管和行业自律性，以促进环保企业的有序竞争。

6.3.2 基于指数法的环保产业技术创新能力评价

（1）评价方法

1）指数评价法。

指数是反映同一现象在不同时期的变化轨迹，或不同空间范围的现象水平的比较指标。发展指数是分析社会经济现象数量变化的一种重要统计方法，综合反映现象总体的变动方向和变化程度。

根据我国环保产业的实际情况，参考国内外一般产业经济的评价指标，构建技术创新能力评价三级指标体系（表 6-5）。

表 6-5　我国环保产业技术创新能力评价指标体系

目标层	一级指标	二级指标	三级指标
环保产业技术创新能力指数	环保产业技术创新能力指数 A	环保产业技术创新投入能力 A_1	人均研发经费支出 A_{11}
			研发经费投入强度 A_{12}
			研发人员投入强度 A_{13}
			研发人员比重 A_{14}
		环保产业技术创新产出能力 A_2	人均专利拥有量 A_{21}
			新产品销售收入比重 A_{22}
			新产品产值比重 A_{23}
			新产品出口比重 A_{24}
	环保产业技术创新制度指数 B	环保产业技术创新环境 B_1	技术创新平台数量 B_{11}
			创新经费财政资金比重 B_{12}
			创新经费企业资金比重 B_{13}
			创新经费金融机构贷款比重 B_{14}

第四次全国环境保护及相关产业基本情况调查于 2012 年进行，近年来环保产业已经发生了比较大的变化。受限于数据可得性，对以上指标进行简化。

2）环保产业发展指数。

中国环境保护产业协会与天津工业大学环境经济研究所联合成立攻关课题组，研究提出了我国环保产业发展指数指标体系和测度方法。环保产业发展指数以环保产业重点企业为研究对象，分析当前环保产业的发展水平及未来发展趋势，评估环保产业发展对经济社会发展的贡献。环保产业发展指数指标体系由 3 个一级指标、10 个二级指标、26 个三级指标构成。对一级指标和二级指标的赋权，采用层次分析法，基于专家问卷调查确定权重，三级指标采取等权法确权。具体指标数据的标准化处理采用比值法，即用观察期数值比基期数值，得到各指标的标准化值。权重与各指标标准化值的乘积，即该项指标的指标值，进行逐级计算并加和，即得到环保产业发展指数的综合指标值。计算公式如式（6-5）所示：

$$\mathrm{EPI}=\sum_{i=1}^{n}W_iV_i \tag{6-5}$$

式（6-5）中，EPI 为发展指数指标值；W_i 为第 i 项指标的权重；V_i 为第 i 项指标的标准化值。发展指数以 100 为基数，若考察时期指数指标值大于 100，说明环保产业发展向好；反之，则说明环保产业发展呈下滑态势。

基于以上环保产业发展指数计算方法，可以计算技术创新能力指数。技术创新能力属于环保产业发展指数指标体系中的二级指标，下设研发人员数量、研发经费支出、专利授权数量、参与标准修订数量和环保产业技术转让收入 5 个三级指标。采用比值法对各三级指标数据进行标准化处理，采用等权法确定权重。

（2）样本选取及数据来源

根据中国环保产业发展指数指标体系，测算 2015 年、2016 年度我国环保产业的发展指数。以上一年为基准年，基数为 100。

测评所采用的数据来源于中国环境保护产业协会组织开展的2014—2016年度全国环保产业重点企业调查。调查范围覆盖我国水污染治理、大气污染治理、固体废物处理、土壤修复、噪声与振动控制、环境监测等环保产业细分领域。在 2 421 家重点调查企业数据中，2015 年与 2016 年调查中重叠企业 201 家，其环保主营业务收入占总样本的 35.4%，可作为测算样本测算环保产业发展指数。

（3）评价结果

为了更直观地反映和比较环保产业技术创新能力的变化和发展趋势，采用百分制形式，表 6-6 和图 6-4 为 2014—2016 年我国环保产业技术创新能力指数及各指标值的百分制分值和变化趋势。

表 6-6　2015 年、2016 年我国环保产业技术创新能力指数及各指标值

指标		2015 年（基准年 2014 年）	2016 年（基准年 2015 年）	2016 年（基准年 2014 年）
技术创新能力	研发人员数量	110.37	128.73	142.08
	研发经费支出	84.04	106.86	89.81
	专利授权数量	119.29	27.42	32.71
	参与标准制定数量	136.16	140.89	191.84
	环保产业技术转让收入	197.57	127.37	251.64
技术创新能力指数		129.49	106.25	141.61

注：指标量纲为一。

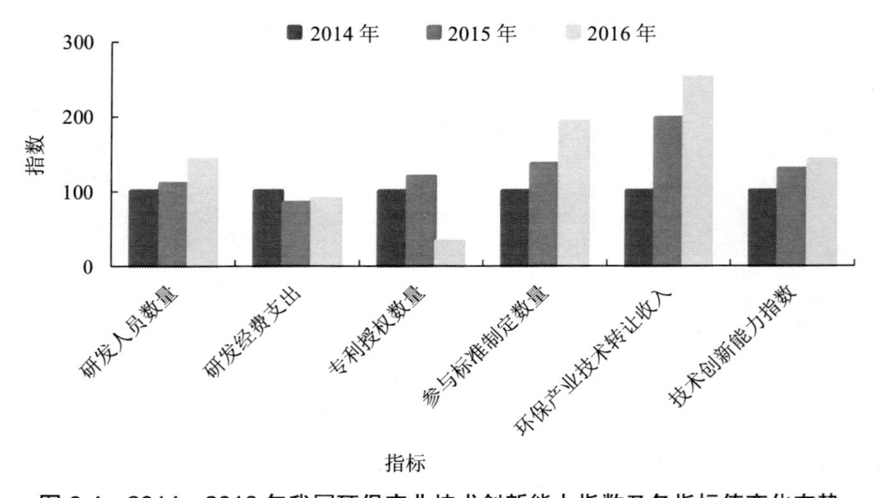

图 6-4　2014—2016 年我国环保产业技术创新能力指数及各指标值变化态势

注：指标量纲为一。

可以看出，2014—2016 年我国环保产业技术创新能力整体呈现上升趋势，虽然 2016 年技术创新能力指数的增长幅度较 2015 年有所下降，但是仍然保持稳定向好的发展态势，说明环保产业技术创新能力在不断提升。

具体来看，研发人员数量、参与标准制定数量、环保产业技术转让收入指标均有明显增长，说明相对于资金投入，人才投入增长明显，人才在技术创新中作用越来越受到重视；我国环保企业参与政策和标准制定的意识和能力有所提升；环保产业技术转化能力大幅度提升，成为促进环保产业快速发展的强劲动力。同时，研发经费支出、专利授权数量有所下滑，尤其是 2016 年专利授权数量明显减少，说明环保产业技术创新后劲不足，尤其是原创技术欠缺，已成为制约环保产业创新能力提升的关键因素。

6.3.3　基于专利的大气环保产业技术创新能力评价

本书采用专利分析方法研究我国大气环保产业的技术创新能力。专利是产业技术创新成果的重要表现形式，作为科技研发过程中定义明确、由法定机关经法定程序授予的产出成果，客观上反映了一个产业的核心竞争力，很大程度上代表了产业的技术创新能力。由于专利数据具有信息丰富完备、覆盖时间长、真实可靠等特征，常被用作衡量产业技术创新能力的评价指标，可以用于判断技术发展趋势，预测技术发展方向等。专利分析是研究产业技术创新的重要内容，分析大气污染治理技术专利数据可以很大程度上反映我国大气环保产业技术创新能力。

（1）数据来源

上海知识产权信息平台检索系统作为一个高度集成的专业化专利数据库集群联机检索系统，是目前我国功能最全面、最先进的检索系统之一，与其他系统相比，可提供 Txt、Html 和 Access 数据格式的题录文摘下载功能，便于对专利数据进行筛选和分析。

按照国际专利分类（IPC）进行检索。IPC 是世界知识产权组织制定的一种专利技术分类系统，能够反映专利设计的技术领域，被各国普遍认同，采用国际专利分类方法可以获得相对全面、准确的数据。根据 OECD 公布的大气污染治理技术专利分类号，大气环保产业主要技术领域的 IPC 分类号如表 6-7 所示。

分析时间段为 2000 年 1 月 1 日至 2018 年 12 月 31 日，以专利公开日（专利授权日）为准。由于实用新型专利和外观设计专利相对发明专利而言内含的创新程度较低（Lanjouw et al.，1996），发明专利更能体现技术创新能力，因此检索专利类型选择发明专利。按照表 6-7 所列的 IPC 分类进行检索，得到 35 833 条专利数据。按照专利公开号剔除重复数据，得到有效数据 34 869 条。

表 6-7 大气环保产业技术专利分类

IPC	大气污染治理技术描述
B01D46	用于把弥散粒子从气体或蒸气中分离出来的经过改进的过滤器和过滤方法
B01D47	用液体作为分离剂从气体、空气或蒸气中分离弥散粒子
B01D49	用其他方法从气体、空气或蒸气中分离弥散粒子
B01D50	从气体或蒸气中分离粒子的组合器械
B01D51	从分散颗粒中清洗出气体或蒸气的辅助预处理
B01D53/34-36	废气的化学或生物净化：催化转化
B01D53/46-72	废气的化学或生物净化：除去已知结构的组分
B03C3	用静电效应从气体或蒸气（如空气）中分离弥散粒子
C10 L10/02	为减少烟尘的形成在燃料和火焰中使用添加剂
C10 L10/06	为易于除去烟灰在燃料和火焰中使用添加剂
C21B7/22	高炉：除尘装置
C21C5/38	碳钢的冶炼，如普通低碳钢、中碳钢或铸钢：废气或烟尘的去除
F01N3	排气或消音装置，具有净化、去除毒性或其他排气处理装置
F01N5	排气装置或消音装置与利用排气能量的装置相结合
F01N7	以结构特点为特征的排气装置或消音装置
F01N9	排气处理装置的电控
F01N11	排气处理装置的监控或诊断装置
F23B80	以为烟气或燃料释放的非燃烧气体设立特殊排放通道为特征的燃烧设备
F23C9	以具有回送燃烧产物或烟气至燃烧室布置为特征的燃烧设备
F23J15	处理烟或废气装置的配置，如除去有毒物质
F27B1/18	井式炉、类似立式或基本立式的炉：集尘器配置
G08B21/12-14	响应不受欢迎的物质散发的报警器，如污染报警器；毒气报警器
F23G7/06	专门适用于焚化炉或其他设备处理废气或秽气

（2）技术产出趋势

图 6-5 为 2000—2018 年我国大气环保产业技术专利授权量的变化趋势。从图 6-5 可以看出，2000 年以来，大气污染治理技术在我国稳定发展，专利授权数量持续增长，但增长速度相对缓慢，2012 年，专利授权量出现迅猛增长，2014 年起专利授权量再次迅速攀升并在之后保持了快速增长的态势。2012—2018 年授权的专利数量达 28 224 件，占 2000—2018 年全部授权专利总数的 80.9%。研究同期的环境政策可以发现，2011 年，国务院印发了《“十二五”节能减排综合性工作方案》（以下简称《工作方案》），《工作方案》明确了增加污染物约束性指标、扩展污染减排领域、实施脱硫脱硝电价和区域限批等一系列重要的政策措施。2013 年，国务院印发了“大气十条”，明确了空气质量改善的具体指标；“大气十条”之一是加快企业技术改造，提高科技创新能力，加强脱硫、脱硝、高效除尘、挥发性有机物控制、柴油机（车）排放净化等方面技术研发，推进技术成果转化应用。之后又修订和颁布了《大气污染防治法》《“十三五”生态环境保护规划》《“十三五”节能环保产业发展规划》《“十三五”环境领域科技创新专项规划》等一系列相关

规划与政策法规，这些标志性政策文件的出台和执行，引领了大气污染治理技术专利的快速增长，有效促进了大气环保产业的技术创新。

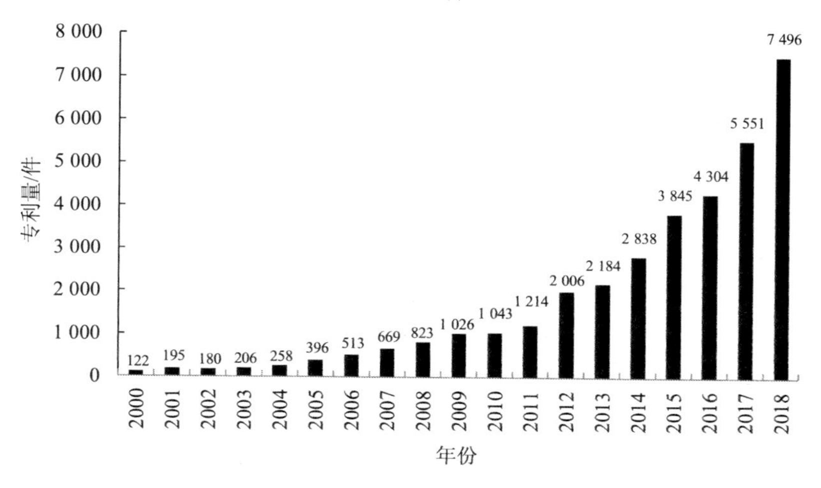

图 6-5　2000—2018 年中国大气环保产业技术专利授权量

图 6-6 为 2000—2018 年我国大气环保产业技术专利国内外授权量的变化趋势。从图 6-6 可以看出，2000—2011 年，国内和国外在我国申请大气污染治理技术专利公开量占总量的比重大致相当，为 51∶49，外国大气污染治理技术大量渗入我国大气环保产业市场，占据了我国专利的半壁江山，国外优秀企业和先进技术的进驻一方面带动了国内环保产业的技术创新，另一方面也给国内创新主体带来了激烈的竞争。2012—2018 年，国内专利授权量大幅提高，国外专利授权量则保持相对稳定的水平，2018 年，国内申请专利授权量占比已达 91.1%。这表明，在国家大气环境保护政策利好下，国内大气环保产业的核心竞争力逐步提升，国内申请人已经占据大气环保产业的主导地位，成为大气环保技术创新的主体。

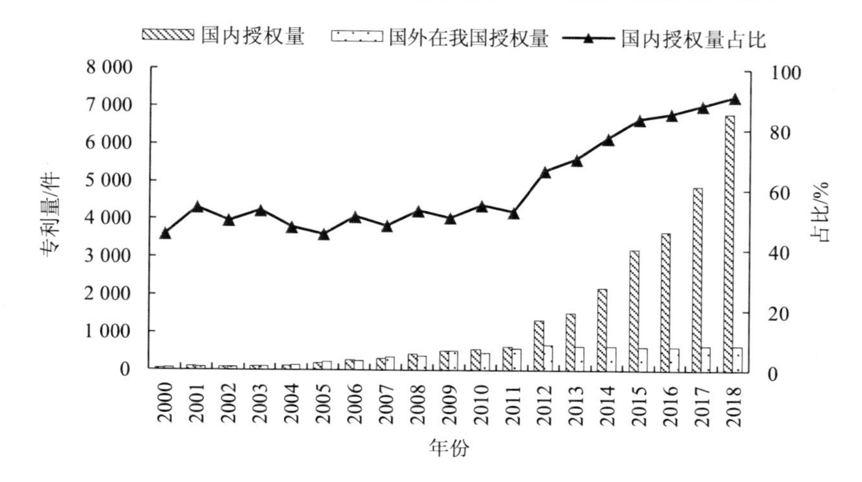

图 6-6　2000—2018 年我国大气环保产业技术专利国内外授权量

（3）技术领域分布

图 6-7 为我国大气环保产业技术专利的主要领域分布。从图 6-7 可以看出，我国大气环保产业的技术热点领域主要集中在 B 部（作业、运输）和 F 部（机械工程、加热等）。排名第一的是 B01D46，即从气体或蒸汽中分离弥散离子的改进的过滤器和过滤方法，公开量为 8 394 件。专利公开量超过 1 000 件的领域还有 B01D46、F01N3、B01D50、B01D47、B03C3、B01D53/46-72、F23J15，以上排名前 7 位的领域专利总量为 30 503 件，占全部专利数量的 87.5%，反映了我国大气环保产业的主要技术方向。

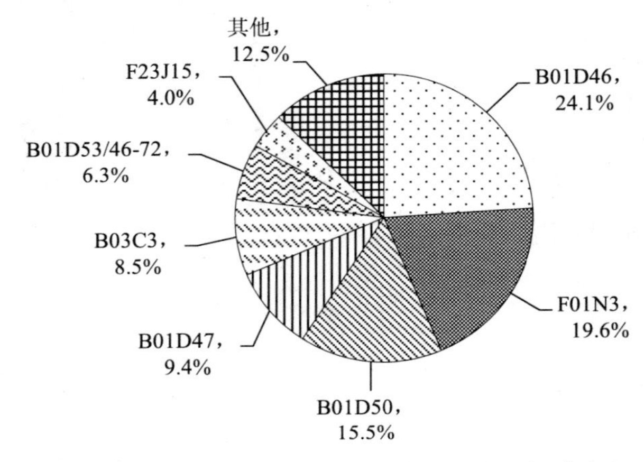

图 6-7 我国大气环保产业技术专利的主要领域分布

图 6-8 为 2000—2018 年我国主要大气环保产业技术领域专利产出的变化趋势。从图 6-8 可以看出，近年来，B01D46、B01D50 和 B01D47 领域专利产出增速较大，技术最为活跃，主要涉及袋式除尘、室内空气净化、厨房油烟净化、有机废气处理等行业；F01N3、B03C3 领域专利产出稳定增长，增速较为平稳，主要涉及机动车污染防治、电除尘等行业；B01D53/46-72、F23J15 领域专利产出增速放缓，主要涉及脱硫、脱硝等行业。

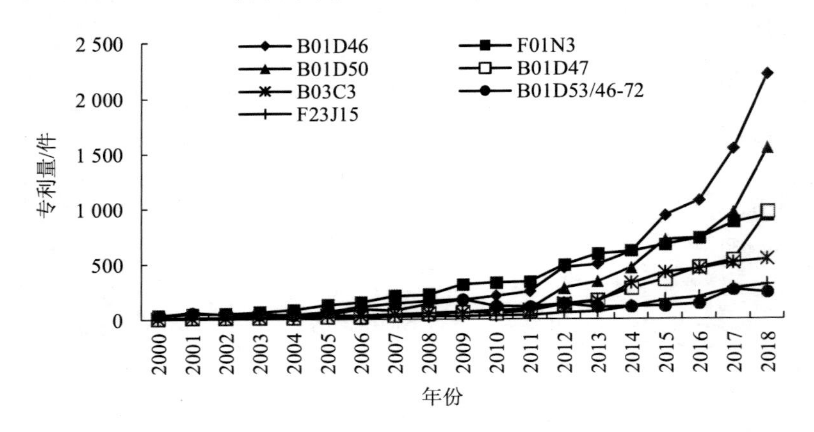

图 6-8 2000—2018 年我国主要大气环保产业技术领域专利产出

近年来，我国重污染天气形势严峻，公众对空气环境质量要求不断提高，大气排放标准日趋严格，特别排放和超低排放要求成为常态，VOCs污染防治成为大气污染防治的重点工作之一，“十二五”以来相继颁布了一系列政策法规，客观上都为袋式除尘、室内空气净化、有机废气处理等行业的发展提供了市场需求和发展机遇。袋式除尘是去除颗粒物、降低工业烟粉尘排放的主流技术，目前我国加工制造的袋式除尘装备以及配套的各种纤维、滤料、配件性能已经接近或达到国外同类产品技术水准，众多具有国内自主知识产权并结合我国国情的技术已步入国际先进行列；空气净化器家用领域主要技术是物理过滤式，未来将朝着高净化容量、低耗材的滤网技术和产品降噪技术方向改进；有机废气治理技术快速发展，吸附回收技术、吸附浓缩技术等主流技术不断完善，一些新的治理技术也在不断发展；机动车污染防治行业技术水平得到明显提升，一些技术水平较高的骨干企业能及时为市场提供满足质量要求的尾气后处理装置；燃煤电厂电除尘技术已经达到国际先进水平，跻身电除尘器行业世界强国之列，冶金、燃煤锅炉等非电领域的电除尘技术也在不断发展；燃煤机组的NO_x、SO_2控制技术基本达到国际先进水平，部分甚至达到国际领先水平。近年来，随着煤电超低排放改造的完成，火电超低排放市场萎缩，未来，脱硫、脱硝行业将进入以非电燃煤行业为主的市场，在钢铁、水泥、工业锅炉等非电行业的脱硫、脱硝技术上还面临着很大缺口。

（4）技术空间分布

我国大气环保产业技术发展空间分布不均衡，东部、中部、西部呈较为明显的分异和集聚化特征，专利授权量呈“东高西低”的格局，集中分布在长江三角洲和珠江三角洲。授权量排名第一的江苏省为6 226件，远高于其他省市，占全国授权量的23.0%，占据大气环保产业技术创新领域的领军地位。排名前5的省市还包括浙江省、广东省、安徽省和北京市，专利授权量分别为2 575件（9.5%）、2 134件（7.9%）、1 974件（7.3%）和1 756件（6.5%），大气环保技术创新水平较高（表6-8）。大气环保产业专利技术产出分布与环保产业空间分布吻合度较高，技术产出的集聚区也是环保产业的集聚区，这些地区经济发达，环境管理要求相对严格，人才和资金基础良好，政策机制灵活，技术创新实力强，有利于环保产业集聚，环保产业的集群效应有效提升了核心技术的竞争力，也推动环保产业技术逐步发展成熟。

2000—2018年，共有47个国家或地区在我国获得大气污染治理技术专利授权，授权量达7 818件，占授权国内专利总量的28.9%。图6-9为国外在我国拥有大气污染治理技术专利授权量排名靠前的国家。美国、日本、德国在我国专利授权量分别占国外在我国授权总量的31.6%、30.1%和17.7%，基本垄断了大气污染治理技术领域国外在我国授权的专利市场，可见上述三国非常重视大气污染治理技术在我国市场的布局。

表 6-8　我国大气环保产业技术各地专利授权量和排名

地区	专利授权量/件	排名	地区	专利授权量/件	排名
江苏	6 226	1	河北	419	18
浙江	2 575	2	黑龙江	400	19
广东	2 134	3	贵州	272	20
安徽	1 974	4	吉林	271	21
北京	1 756	5	山西	235	22
山东	1 623	6	台湾	213	23
四川	1 262	7	江西	172	24
上海	1 140	8	云南	141	25
天津	847	9	甘肃	96	26
湖北	843	10	内蒙古	84	27
河南	768	11	宁夏	65	28
辽宁	719	12	新疆	60	29
福建	612	13	香港	44	30
湖南	609	14	青海	14	31
广西	516	15	海南	11	32
陕西	475	16	西藏	5	33
重庆	470	17	全国	27 051	—

注：无澳门相关数据。

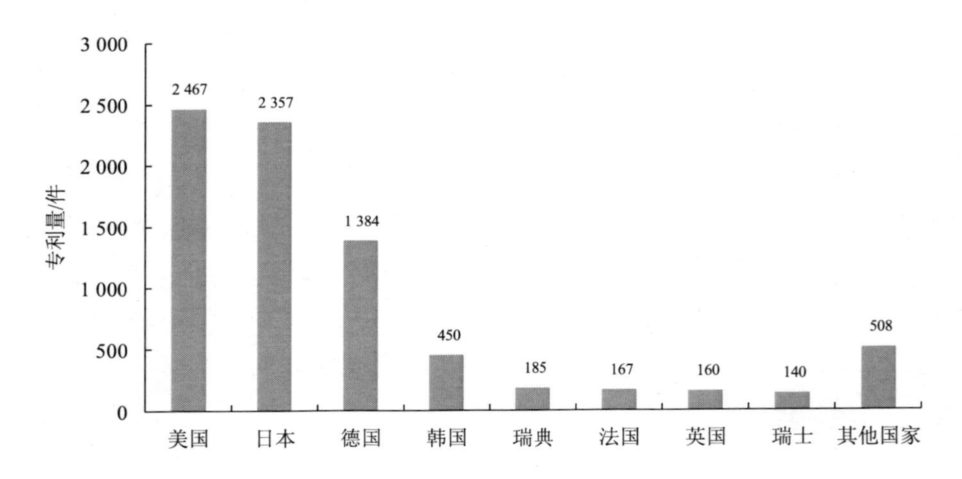

图 6-9　在我国拥有大气环保产业技术专利的国家和其专利授权量

（5）技术申请人

图 6-10 为我国大气环保产业技术专利的国内申请主体构成，可以看出，我国大气环保产业技术创新主体主要由企业、个人、高校、科研机构和产学研合作等构成。企业是

大气环保产业技术创新的主体，企业拥有的专利授权量占总授权量的 62.5%。个人拥有的专利授权量占比也较大，甚至高于高校和科研机构作为独立申请人的专利授权量之和。高校和科研机构拥有的专利授权量分别占 9.3%和 2.3%，说明高校相对于科研机构在大气环保产业技术创新方面更胜一筹。以产学研合作形式申请的专利数量不多，仅占 3.9%。此外，还有 0.1%的专利授权给政府部门、非政府组织等其他单位。

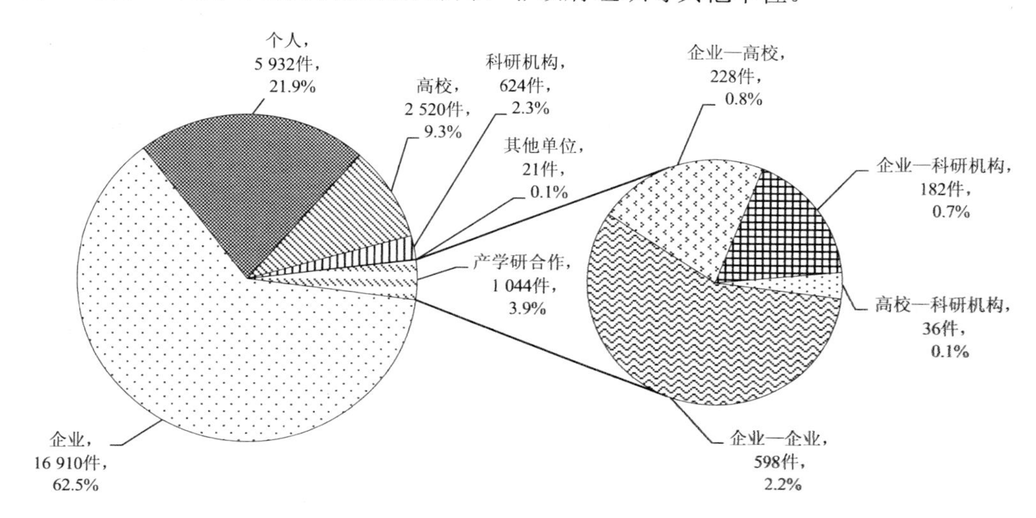

图 6-10　我国大气环保产业技术专利申请主体构成

根据合作关系的不同，把产学研合作形式分为企业—企业、企业—高校、企业—科研机构以及高校—科研机构等。企业—企业是产学研合作的主要形式，占产学研合作形式的 57.3%。企业—高校、企业—科研机构分别占产学研合作形式的 21.8%和 17.4%，说明高校相对于科研机构进行产学研合作创新的程度更高一些。不过，以企业—高校形式获得的专利仅占高校全部发明专利的 8.2%，以企业—科研机构形式获得的专利占科研机构全部发明专利的 21.6%，说明相对于科研机构，高校进行了更多的独立性研发。同时，如何通过技术转移把更多的技术创新成果推广到企业，转化为现实生产力，是科研机构尤其是高校面临的重大问题。此外，还有 3.5%的产学研合作是以高校—科研机构形式，包括高校—高校、科研机构—科研机构、高校—科研机构等合作组合形式，总体上以学—研形式开展的产学研合作创新占比较小。

表 6-9、表 6-10 分别是国内和国外获得中国大气环保产业技术专利授权量排名前 10 的企业、高校或科研机构。虽然从专利授权总量上看，国内创新主体已经占据大气环保产业技术创新的主导地位，但是我国是以量多取胜，我国大气环保领域龙头企业的技术创新能力远不及美国、日本和德国的巨头企业，如日本的丰田、五十铃，美国的通用、福特，以及德国的罗伯特·博世等知名企业在我国拥有的专利授权量都远超国内龙头企业

和知名院校。我国大气环保产业技术创新主体主要是企业，而且绝大部分是民营企业，技术创新动力和能力普遍不足，多注重市场开拓，忽视技术创新和研发投入，产品技术含量和附加值低，缺乏核心竞争力。

表 6-9 2018 年我国大气环保产业技术国内主要申请人专利授权量排名

排名	企业		高校/科研机构	
	申请人	专利授权量/件	申请人	专利授权量/件
1	潍柴动力股份有限公司	139	东南大学	84
2	天纳克（苏州）排放系统有限公司	98	浙江大学	80
3	珠海格力电器股份有限公司	83	清华大学	78
4	福建龙净环保股份有限公司	81	江苏大学	68
5	江阴华音陶瓷机电科技有限公司	77	天津大学	56
6	艾尼科环保技术（安徽）有限公司	73	山东大学	48
7	苏州博菡环保科技有限公司	68	西安交通大学	47
8	中国第一汽车股份有限公司	67	上海交通大学	39
9	无锡威孚力达催化净化器有限责任公司	59	华南理工大学	39
10	成都易态科技有限公司	53	盐城工学院	38

表 6-10 2018 年我国大气环保产业技术国外主要申请人专利授权量排名

排名	申请人	申请国家	专利授权量/件
1	丰田自动车株式会社	日本	599
2	通用汽车环球科技运作有限责任公司	美国	347
3	福特环球技术公司	美国	292
4	罗伯特·博世有限公司	德国	239
5	通用汽车环球科技运作公司	美国	194
6	五十铃自动车株式会社	日本	175
7	唐纳森公司	美国	147
8	曼·胡默尔有限公司	德国	125
9	通用电气公司	美国	102
10	排放技术有限公司	德国	102

（6）小结

① 2000 年以来，我国大气环保产业技术产出能力稳定提升，尤其是“十二五”以来“大气十条”等一系列政策的实施，有力推动了大气环保产业的技术创新。国内大气环保产业自主创新能力逐步提升，具备了一批具有自主知识产权的关键技术，成为我国大气污染治理的中坚力量。

② 大气环保产业技术专利覆盖除尘、脱硫脱硝、机动车尾气污染防治、室内空气净化、有机废气处理等主要的大气环保行业领域。近年来，煤电超低排放改造即将完成，脱硫脱硝行业技术创新产出有所放缓；机动车污染防治、电除尘行业技术产出稳定增长；随着国家和地方环保政策和排放标准的收严，公众对空气环境质量的关注，袋式除尘、室内空气净化、有机废气处理等行业技术产出增长势头明显。

③ 我国大气环保产业技术创新能力空间分布不均衡，呈“东高西低”的格局，技术创新产出主要集中在长江三角洲和珠江三角洲等经济发达、人才丰富、技术开发转化能力强的地区，这些地区同时也是我国大气环保产业最为集聚的地区。

④ 美国、日本和德国非常重视大气污染治理技术在中国市场的布局，基本垄断了国外在我国授权专利。我国大气环保产业技术创新主体主要是企业，而且绝大部分是民营企业，与美国、日本、德国的巨头企业相比，我国大气环保企业的技术创新能力明显不足。产学研合作在大气环保产业技术创新中发挥的作用有待提升，高校相对于科研机构而言，技术研发能力更胜一筹，技术创新成果转化为现实生产力是高校和科研机构共同面临的重要问题。

6.3.4　大气环保产业技术创新主要问题分析

根据本书对我国大气环保产业技术创新能力评价分析结果，结合近年来学者对我国大气环保技术创新发展的研究成果，我国大气环保产业技术创新的问题主要表现在：

（1）核心的大气环保技术依然欠缺

具有原创性和自主知识产权的大气环保产业核心技术依然缺乏，高端产品、关键部件和材料依然依靠进口，除尘所用的耐高温、耐腐蚀滤料和特种纤维需继续开发突破，脱硫成套设备、脱硝催化剂等基本依赖进口。环保产业的进入门槛较低，创新易于模仿，对设备设施要求较低，环保原创技术少，多来自对国外技术的模仿、消化与吸收，缺乏突破性创新。技术装备水平总体滞后于国外发达国家，尤其是在材料、工艺等核心技术领域，仍然无法完全适应治理市场的需求。

由于国内外环保产业的发展历史较短，技术发展也较晚，部分走在环保领域前列的发达国家已积累了大量成熟技术工艺装备，由此技术的引进、消化、模仿、本地化微改良成为长期以来我国环保企业的主要技术获取方式，而尖端领域的基础研究投入大、见效慢、产业化路径不清晰，导致企业往往无暇涉足。此外，由于产品门类多、非标产品多、市场空间小，用户多为一次性采购且需求多样化，技术难以推广，导致环保企业技术进步缓慢，相当多的领域技术含量低。

（2）大气环保企业技术创新能力不足

虽然大气环保企业数量众多，但中小型企业居多，具备国际竞争力的龙头企业较少。

融资难是制约中小型大气环保企业发展的主要瓶颈。环保投融资存在总量不足、效率不高等问题。政府投资缺乏稳定的渠道，社会资本投入规模仍较低。环保企业融资仍以传统的银行商业贷款为主，难以适应环境项目收益低、周期长的特点。民间资本参与环保投资市场的方式和途径仍在摸索中。

同时，受企业规模、资金、人才、市场等因素制约企业大多不具备开展自主研发的条件。调查显示，90%的环保企业都不具备研发能力，并且具有研发活动的环保企业，研发经费投入远低于发达国家平均水平。由此导致相当部分的核心技术仍然难以实现突破。

（3）科研机构研发成果产业化水平较低

由于科研机构在人才储备、科研能力等方面较之企业具有优势明显，现阶段我国环保科技的主要研发力量仍然来自科研院所与大学。虽然近年来国家部分重点环保科研任务的承担主体开始逐步向企业倾斜，但优秀技术成果的产业化尚未形成有效的机制，产学研平台的欠缺使新的科技成果往往难以在短时间内实现成果转化。技术创新的一次产出没有转化为相应的经济价值，产业技术创新的盈利能力没有与研发能力齐头并进。

（4）尚未形成有效的大气环保产业技术创新激励机制

大气环保产业技术创新与大气环保政策关联性较强。国家、地区针对性的环境保护政策、立法和执法力度、环保产品招投标等政策，以及环境管理体系对环保产业的技术发展起到十分重要的推动作用。虽然“十二五”以来，我国陆续制定出台了一系列法律法规和政策，极大地推动了大气环保产业技术创新，但是仍然存在着政策缺失和机制不完善的问题。环保法规和标准体系不健全，相关立法空白，相关技术、产品标准缺失，污染物排放标准等滞后。政府在信贷、税收、技术创新、市场培育等方面没有一套有力的鼓励扶持政策，现有财政和税收政策零散、不系统，优惠范围和力度还远远不够，而且有些政策反而对环保产业的发展有制约作用，企业融资困难，技术创新乏力。

6.3.5 环保产业创新能力存在问题分析

（1）环保产业分类不清，行业主管地位不突出

环保产业属于跨行业、跨部门的产业，环保企业隶属不同行业、不同部门、不同系统，导致目前的环保产业行业主管部门地位不突出，成为“产业中的产业”，多头管理、行业垄断、管理不力、职责不清等现象突出。

在这种管理体制下，难以制定针对性强的产业创新发展战略及其配套的政策体系，难以形成统一的环保产业市场，难以形成统一的环保技术和产品标准，难以通过良性竞争而不断提高环保技术、产品和服务水平。

（2）环保企业规模偏小，创新主体地位不显著

随着科学技术的发展和经济全球化步伐的加快，企业面临的竞争更加激烈，产品的更新换代速度更加迅速。而现代企业的竞争，说到底是技术竞争，技术创新永远是企业赖以生存与发展的必要条件。环保产业的性质决定了环保企业既是技术创新的投资主体，又是技术创新成果的应用主体。企业应当参与技术创新全过程，包括新产品及新工艺设计、新技术应用直至利润实现。长期以来，由于受多种因素的影响，我国大多数企业尚未真正成为环保产业技术创新主体，技术创新愿望和动力不足，自主创新能力有限。这是因为：

① 环保企业的经济规模在一定程度上决定了技术创新能力和实力。我国环保产业体系中具备技术创新能力的龙头骨干企业相对较少，而中小型企业比例较大。例如，在全国 9 000 多家环保产业企事业单位中，固定资产大于 1 500 万元的大中型企业不足 10%，其中，大型企业仅占环保企业总数的 2.8%，90%以上为小型企业。

② 从国家层面上看，偏重于满足环保市场的短期需求，较少从国家创新能力的战略高度重视、扶持和培养环保企业的创新能力。

③ 从整体上看，政府对大型环保企业技术创新的扶持力度相对较大，而对大量中小型环保企业技术创新的激励不够。这在一定程度上影响了环保产业创新能力的提升。

（3）政策制度支持不充分，环保市场竞争不规范

环保产业的公益性、政策依赖性，决定了环保产业创新能力的培育和建设需要良好的政策和制度环境条件。环保企业既是技术创新的投资和获益主体，同时又是技术创新风险的承担者。由于环保技术创新具有高成本、高风险性特点，支持和激励性的政策缺位将加大环保企业技术创新的风险，降低其技术创新的愿望和动力。目前，我国在环保产业创新政策、制度以及市场方面，存在许多不利于环保产业创新的影响因素。

（4）推动环保产业创新的投入机制尚无改观

随着对环保产业创新的重视，国家科技创新体系中开始突出环保科技创新的投入，863 计划和 973 计划、国家科技支撑计划等都设立环境领域，2016—2018 年已累计投入科研经费 20 多亿元。“十一五”期间国家启动了“水体污染控制与治理”科技重大专项，力图解决我国水污染防治中面临的重大科技瓶颈问题。许多地方政府设立了环保科技专项资金，支持环保科技的研发（如广东省、山东省）。

然而，长期以来我国重环保产品、设备的生产，轻环保产业创新基础设施建设，投入方式以项目资助为主，基础平台等能力建设方面的投入相对较少，投资效益和效率不高，导致目前环保产业创新基础设施相对滞后，已难以适应环保产业发展的需求。

（5）从事环保技术研发的队伍规模小，整体上素质低

环保产业的高技术特性决定了对高素质人才具有极大的需求。人才是知识的载体，

是技术创新体系中的重要的构成要素，直接决定了环保产业的技术创新能力。没有一支掌握现代环保科技知识、具有创新意识和创新能力的人才队伍，环保产业创新就无从谈起，环保产业就不可能有国际竞争力。目前，我国环保产业技术创新智力资源明显不足，主要表现在两个方面：

首先，我国主要环境科研活动的单位普遍规模小、专业优势不明显，缺乏具有专业优势研究队伍和人才，尚未形成结构优化、布局合理、高效精干的环境科技创新基地和创新团队。环境科研单位综合能力得不到体现，无法形成支撑性的研究力量，使得环境科研发展受到局限。

其次，全国环保产业从业人员整体素质不高。全国环保产业从业人员远未达到我国职工平均受教育水平，与环保产业发展的需求存在一定的差距。与 OECD 国家多为受教育水平高于经济部门的专业人员和熟练工人相比差距更大。

（6）产学研用脱节，创新组织体系不完备

我国产学研严重脱节，技术研发与市场推广应用的“两张皮”现象较为突出，尚未形成以企业为主体、以需求为导向、产学研有机结合的环保产业技术创新组织体系。

长期以来，我国环保技术开发力量主要集中分布在大专院校、科研院所，环保技术的研发基本上分散在各类以基础性研究为主的大学、国家级科研院所的实验室中，以高等院校、科研院所为主导的局面仍然没有得到根本改观。高等院校、科研机构重实验和基础性研究，轻技术成果转化和产业化应用研究；工程技术企业重单元技术研发，轻技术集成与工程优化；重工艺与材料研究，轻关键设备与控制技术的研发。此外，技术推广、咨询服务和市场监管体系不健全，极大地制约和影响了技术创新成果的转化与推广。

6.4 大气环保产业技术创新路径与对策

6.4.1 大气环保产业技术发展现状

1．除尘

（1）电除尘

除尘涉及的重点行业主要包括火电、钢铁、水泥、有色、石化、化工、垃圾焚烧等行业。电除尘器、袋式除尘器和电袋复合除尘器是目前我国主要的工业除尘设备。总体而言，我国电除尘和袋除尘技术均已达到国际化水平。

从 20 世纪 60 年代我国开展电除尘技术自主研发以来，通过技术引进，消化吸收、再创新，目前我国生产和使用电除尘器的数量已居世界首位，技术水平也位居国际前茅，跻身电除尘器强国之列，取得了一系列先进的技术和产品成果，电除尘效率也得到进一步提高。目前，我国的电除尘器不仅能满足国内需求，还有相当部分出口国外，我国电除尘行业已能与国外厂商抗衡。

电除尘器一直是我国燃煤电厂颗粒物控制的主流设备，2016 年电除尘器市场份额为 68.3%，目前所有燃煤机组均已配备电除尘器，可达到≤10 mg/m^3 甚至≤5 mg/m^3 的超低排放要求，针对高灰煤（燃料收到基灰分＞25%）机组，配合湿法脱硫协同除尘，实现颗粒物排放浓度＜5 mg/m^3 也是可行的。

燃煤电厂烟气超低排放技术路线及其实现超低排放的主流除尘技术，如低低温电除尘技术、湿式电除尘技术等，其中低低温电除尘技术几乎是国内燃煤电厂超低排放的“标配”。根据中电联数据，截至 2016 年 12 月，我国低低温电除尘器装机容量超 13 万 MW，约占全国燃煤机组容量的 13.7%；湿式电除尘器装机容量超 15 万 MW，约占全国燃煤机组容量的 15.8%，投运量世界第一，且大于其他国家投运量之和。低低温电除尘器和湿式电除尘器均已有数十台套单机 1 000 MW 等级机组投运业绩。低低温电除尘和湿式电除尘技术在稳定实现超低排放的同时，可协同治理多种污染物，在业内得到广泛认可。2018 年，在研的电除尘国家重点研发计划课题有“高灰煤超低排放技术与装备集成及应用”“燃煤电厂新型高效除尘技术及工程示范”等。

近年来，随着煤电超低排放改造工作接近尾声，电除尘行业市场重点逐渐转向冶金、建材、燃煤工业锅炉等非电行业。比如，在钢铁行业，电除尘技术主要应用在烧结机机头除尘、转炉干法一次除尘、球团回转窑主除尘和鼓干除尘、脱硫后湿法电除尘、转炉煤气湿法电除尘；在建材行业，电除尘技术主要应用在提效改造市场，通过改进和创新，使得电除尘器运行更加可靠稳定，故障率大幅减少；在有色冶金和化工制酸行业中，处理的气体温度高达 350～380℃，且含有浓度很高的 SO_2、SO_3 等腐蚀性气体，露点温度高，高温电除尘器是不可代替的。

专栏 6-1 电除尘关键技术及主要企业

关键技术

低低温电除尘技术通过烟气冷却器降低烟气温度至酸露点以下，降低粉尘比电阻，同时使低低温电除尘器击穿电压升高、烟气量减小，除尘效率大幅提高，且低低温电除尘器的出口粉尘粒径将增大，大幅提高湿法脱硫的协同除尘效果。淮北平山电厂 1 号炉 660 MW 机组配套的低低温电除尘器（电除尘器进口烟道布置电凝聚器，末电场为旋转电极电场），在燃用灰分近 30%的高灰煤时，经湿法脱硫协同除尘后，颗粒物排放仍可达到超低排放要求。

湿式电除尘技术可实现极低的颗粒物排放浓度，根据其布置方式分为卧式与立式两种；根据极板的材料，有金属极板、导电玻璃钢和柔性极板3种类型。在燃煤电厂中与干式电除尘器配套使用的湿式电除尘器通常布置在脱硫设备后，与干式电除尘器不同之处在于采用液体冲洗电极表面进行清灰，具有不受粉尘比电阻影响，无反电晕及二次扬尘等特点，可有效除去烟气中的 $PM_{2.5}$、SO_3、Hg 及烟气中携带的脱硫石膏雾滴等污染物。

水泥窑烟气尘硝一体化治理技术已被推广应用。其中，电除尘关键技术——高温静电除尘技术受到关注。该技术针对钢铁行业烧结机头烟气除尘，开发了低能耗、主动型清灰技术，有效解决了绝缘子内壁的清灰难题，喷吹气体流速高，覆盖面积可达200%以上，可实现间歇脉冲清灰。同时，烧结机头电除尘协同脱除二噁英技术取得成功，并有良好的应用业绩。优化升级新型转炉煤气干法电除尘深度净化与烟尘原位回用集成技术，在切换站放散一侧增加金属滤筒过滤技术，使粉尘排放长期稳定在10 mg/m^3 以下。

其余高效电除尘技术包括旋转电极式电除尘、电凝聚、机电多复式双区电除尘、离线振打、新型高压电源技术等。

在供电电源方面，脉冲电源技术取得突破，得到了较广泛的应用，脉冲高压电源技术向具有更高脉冲峰值功率、更陡脉冲前沿的微秒级和纳秒级窄脉冲方向发展。

主要企业

浙江菲达环保科技股份有限公司、福建龙净环保股份有限公司、浙江天洁环保科技股份有限公司、西安西矿环保科技有限公司、江苏科行环保科技有限公司、兰州电力修造有限公司、河南中财环保有限公司、宣化冶金环保设备制造（安装）有限责任公司、南京国电环保科技有限公司、浙江大维高新技术股份有限公司、南京兴泰隆特种陶瓷有限公司、厦门绿洋环境技术股份有限公司（原厦门绿洋电气有限公司）、江苏蓝电环保股份有限公司、浙江连城环保科技有限公司、上海激光电源设备有限责任公司。

（2）袋式除尘

袋式除尘是控制工业烟气细微颗粒物 $PM_{2.5}$ 排放的主流技术，应用极为广泛。近几年，袋式除尘器设计水平显著提升，除尘效率高、效果可靠，且具有协同控制多种污染物的能力，已达到或接近国外同类产品。目前，袋式除尘器已形成多个系列产品，其应用已覆盖到各工业领域，成为我国大气污染控制，特别是 $PM_{2.5}$ 排放控制的主流除尘设备。

随着我国电力、钢铁、水泥、垃圾焚烧等工业突飞猛进，我国袋式除尘技术、装备水平和产业都得到跨越式发展，袋式除尘器设计水平显著提升，性能已达到或接近国外同类产品。近年来，随着材料制造工艺的进步，我国也研制出了芳纶、聚苯硫醚、聚酰亚胺和聚四氟乙烯滤料等急需材料，同时还发展了复合滤料加工工艺，使滤料性能取得跨越式发展，结束了我国高端袋除尘滤料长期依赖进口的局面。现在我国生产制造的袋式除尘装备及配套的各种纤维、滤料、配件的性能都已达到国外同类产品的技术水准，许多结合具有中国自主知识产权的技术步入国际先进行列。目前，我国袋式除尘单机最大设计处理风量已由原来的 100 万 m^3/h 提高到 250 万 m^3/h，出口粉尘浓度 5 mg/m^3 以下已成为常态，运行阻力降低到 800～1 200 Pa，滤袋的使用寿命都能达到 4 年以上，漏风率都能控制在 2%以下，单位处理风量、钢耗量分别下降约 15%。

专栏 6-2　袋式除尘关键技术

关键技术

2018 年，我国袋式除尘器在以下领域取得重大进展：

① 新型内外滤袋式除尘器结构的开发获得成功应用。由中材装备集团有限公司牵头开发的新型内外滤袋式除尘器取得突破并成功应用，荣获 2018 年全国建材机械行业技术革新奖一等奖和建材联合会科技进步二等奖。该技术和装置主要利用外滤袋的内部空间设置内、外两条滤袋，将内滤袋倒置插入外滤袋，大幅增加过滤面积。该技术成果在滤袋型式、袋笼结构匹配、悬吊装置、智能清灰和分风自动调整等方面取得创新突破，形成了自主知识产权的集成技术和成套装备。工程示范应用效果显示，设备运行阻力＜800 Pa，较常规设备节能 30%以上，节省设备钢耗和节约占地均接近 30%，经济效益和环保效益十分显著。

② 预荷电袋滤新技术应用势头强劲。由中钢天澄研发的 $PM_{2.5}$ 净化用预荷电袋滤技术继 2017 年获环境保护科学技术二等奖后，2018 年又获得湖北省科技进步二等奖。2018 年在球团烟气净化提标改造项目中再次获得成功示范。颗粒物排放浓度＜10 mg/Nm^3，设备运行阻力 600～900 Pa，节能效果显著。在钢铁行业引起了强烈反响，截至 2018 年，该成果又先后在日照钢厂、新余钢厂、方大特钢、柳钢等企业推广应用，已接近 30 台套，最大单机 160 万 m^3/h，涉及产值 4.5 亿元，在钢铁等各个行业的应用势头强劲，成为钢铁炉窑烟气细颗粒物超低排放热点技术。

③ 袋式除尘系统智能化网络化技术取得重大进展。由苏州协昌环保科技股份有限公司研发的“烟尘治理袋式除尘运行管理云平台”新技术和“袋式除尘器用智能电磁脉冲阀”新产品，2018 年 8 月通过专家鉴定，达国际领先水平。该项目在智能电磁脉冲阀、专用数据采集、传输设备、数据分析、故障诊断与解决方案建议以及配套软件开发等方面取得重大进展。应用实践表明，该平台运行稳定可靠，可实现袋式除尘系统的实时远程监管，提高我国袋式除尘系统的自动化和智能化水平，为企业除尘工艺装备的安全稳定运行提供有效手段和有力保障。

④ 褶皱滤袋新产品开发成功。褶皱滤袋是一种新的滤袋结构，可大幅增加过滤面积，显著降低过滤风速，且无须改动除尘器本体结构，改造工作量小，目前已开发成功并在多个项目中成功应用。通常在不改动除尘器本体结构的前提下，使用褶皱滤袋可增加过滤面积50%以上，可使过滤风速大幅降低，满足10 mg/m^{3}以下的超低排放要求。

2．脱硫脱硝

在脱硫脱硝领域，主要是火电厂超低排放技术方面，形成了以湿式电除尘为主要特征的烟气协同治理技术路线和以湿法脱硫协同除尘为主要特征的烟气协同治理技术路线。前者由锅炉内低氮燃烧技术、SCR 脱硝技术、干式除尘、高效湿法脱硫和湿式电除尘构成，后者由锅炉内低氮燃烧技术、SCR 脱硝技术、干式除尘、高效湿法脱硫协同除尘构成。上述技术路线的关键技术和设备方面取得了显著的发展，烟气脱硫中的单塔强化和双循环技术、脱硝中的低氮燃烧和SCR脱硝技术、除尘中的低低温静电除尘器和湿式电除尘技术等都获得了明显的突破，各项技术工艺水平和排放指标均达到国际领先水平。

在已投运的钢铁行业烧结机脱硫技术方面，以最为成熟稳定、基建投资较少的石灰石—石膏法脱硫工艺市场占有率最高，循环流化床、氨—硫胺法市场占有率次之，其他工艺（如密相干塔法、氧化镁法和双碱法等）也逐步占据了一定的市场规模。

专栏6-3　脱硫脱硝关键技术及主要企业

关键技术

电力行业脱硫脱硝技术:

① SO_2超低排放控制技术：传统的石灰石—石膏湿法脱硫工艺在采取增加喷淋层、利用流场均化技术、采用高效雾化喷嘴、性能增效环或增加喷淋密度等措施，提高传统空塔喷淋技术脱硫性能的基础上，石灰石—石膏湿法脱硫工艺又出现了pH分区脱硫技术、复合塔脱硫技术等。

烟气循环流化床脱硫技术是以循环流化床原理为反应基础的烟气脱硫除尘一体化技术。针对超低排放，主要是通过提高钙硫摩尔比、加强气流均布、延长烟气反应时间、改进工艺水加入和提高吸收剂消化等措施进行了一定的改进，同时基于烟尘超低排放的需要，对脱硫除尘器的滤料选择也提出了更高的要求。

氨法脱硫是资源回收型环保工艺。针对超低排放，主要是通过增加喷淋层以提高液气比、加装塔盘强化气流均布传质等措施进行了一定的改进。氨法脱硫对吸收剂来源、周围环境等有较严格的要求。

② NO_x 超低排放控制技术：燃煤火电厂 NO_x 控制技术主要有两类：一是控制燃烧过程中 NO_x 的生成，即低氮燃烧技术；二是对生成的 NO_x 进行处理，即烟气脱硝技术。烟气脱硝技术主要有 SCR、SNCR 和 SNCR/SCR 联合脱硝技术等。

非电行业脱硫脱硝技术：

烟气脱硫主要集中分布在 65 t/h 以上的锅炉部分。蒸发量≥20 t/h（14 MW）的燃煤工业锅炉或蒸发量＜400 t/h 的燃煤热电锅炉以及相当烟气量炉窑的新建、改建和扩建湿法烟气脱硫工程主要采用湿法脱硫工艺，包括石灰石—石膏法、氧化镁法、氨法、钠碱法、双碱法等，设计脱硫效率不小于 90%。对于 65 t/h 以下的工业锅炉，在保证脱硫效率不低于 80%的情况下，综合考虑设备投入和运行成本，可选用旋转喷雾干燥法、循环流化床烟气脱硫等半干法脱硫技术以及活性焦/炭吸附法等干法脱硫技术。非电行业环保改造可直接沿用火电行业燃煤机组脱硫脱硝技术，无须或只需较少改动。主要脱硫技术有湿法脱硫技术、氨法脱硫技术、活性焦/炭吸附法、干法/半干法脱硫等。

由于运行负荷变化较大，炉内工况较为复杂，燃煤工业锅炉烟气 NO_x 的控制存在一些困难。同时，大多数燃煤工业锅炉都没有预留改造空间，改造场地较为紧张，增加了 NO_x 治理工程的难度。目前，在京津冀等执行特别排放限值的地区，鼓励优先采用低氮燃烧技术、脱硫脱硝除尘一体化控制技术，如果仍不能达标，则采用尾端治理技术。在工业锅炉尾端治理技术中，应用较多的是 SCR 脱硝技术、SNCR 脱硝技术、臭氧氧化脱硝技术以及上述各技术的组合。主要脱硝技术有 SNCR 脱硝技术、SCR 脱硝技术、臭氧氧化脱硝技术等。

主要企业

北京国电龙源环保工程有限公司、大唐环境产业集团股份有限公司、国电投远达环保工程有限公司、福建龙净环保股份有限公司、成都锐思环保技术股份有限公司、江苏科行环保科技有限公司、北京利德衡环保工程有限公司、北京清新环境技术股份有限公司、江苏新世纪江南环保股份有限公司。

3．有机废气治理

近年来，由于我国 VOCs 治理市场需求巨大，治理技术得到了快速发展。主流的治理技术（如吸附技术、焚烧技术、催化技术和生物治理技术）正在不断地拓展和完善，一些新的治理技术（如低温等离子体技术、光解技术、光催化技术等）也在不断地完善。VOCs 治理的难点在于其成分极其复杂，因此采用单一的治理技术往往难以达到治理效果，在经济上也不合理，通常情况下需要采用多种治理技术的组合治理工艺。因此近年来各种组合治理工艺发展迅速，如吸附浓缩+催化燃烧技术、吸附浓缩+高温焚烧技术、吸附浓缩+吸收技术、低温等离子体+吸收技术、低温等离子体+催化技术等。采用组合治理技术，从净化效果上考虑是为了实现污染物的达标排放，从成本上考虑可以降低治理费用，以最低的代价实现治理效果。

专栏 6-4　有机废气治理关键技术及主要企业

关键技术

① 吸附回收技术：很多行业的 VOCs 治理涉及溶剂吸附回收技术，如油气回收、包装印刷、石油化工、化学化工、原料药制造、涂布等领域和行业。从吸附工艺来讲，低压水蒸气脱附再生技术依然是主流技术，工艺在不断完善；近年来快速发展的氮气保护再生新工艺，避免了水蒸气的使用，减轻了回收溶剂的提纯费用，并提高了设备安全性，在包装印刷行业的应用最为广泛。此外，采用真空（降压）解吸的再生技术在高浓度的油气回收和储运过程中的溶剂回收领域也得到了大量应用。随着吸附回收技术的发展，开发应用了一些新型的吸附材料，如油气回收用的中孔活性炭材料，目前国内企业能够生产，技术指标基本达到了国外的水平，并已经开始在油气回收行业使用；树脂基的吸附材料在诸如丙酮回收等领域也已得到应用，其技术指标超过了普通活性炭的水平；新型的活性炭纤维（如聚丙烯腈基、酚醛树脂基活性炭纤维）也在研究开发中。

② 吸附浓缩技术：在大部分的工业行业中，VOCs 是以低浓度、大风量的形式排放，为了降低治理费用，通常是利用吸附材料首先对低浓度废气进行吸附浓缩，然后再进行冷凝回收、催化燃烧或高温焚烧处理。吸附浓缩技术的应用，近年来发展迅速，特别是以沸石（分子筛）为吸附材料的旋转式吸附浓缩技术（盘式转轮和立式转塔，采用多种类型的硅铝分子筛配伍作为吸附剂）已成为很多行业低浓度 VOCs 治理的主流技术。该技术净化效率高，尾气排放浓度稳定，采用高温热气流再生时安全性好，是目前诸如汽车制造等喷涂行业的最佳可行治理技术，应用范围非常广泛。

③ 饱和活性炭集中再生技术：在诸如喷涂（如 4S 店喷涂）、印刷（包装印刷和书刊印刷）、化工、制药等行业，存在大量分散的小型 VOCs 排放企业，VOCs 的排放量小、排放浓度低，但不能达到目前逐步严格的排放标准要求，这些企业的污染控制是 VOCs 治理中的一个难题。活性炭吸附技术是简单易行、低成本的治理技术，是当前这些企业首选的治理技术，但碰到的难题是，对单个企业建立相应的活性炭再生系统费用高，小企业往往难以承担；如果采用更换活性炭的方式，由于吸附了有机物的活性炭是作为危险废物进行管理的，处置活性炭的费用较高，企业同样承担不起。因此，虽然大量的排污企业安装了活性炭吸附装置，但是因为成本问题，在缺乏监管的情况下，吸附装置实际上成为摆设。各地环保管理部门已经逐步认识到这个问题，为了减轻单个企业的治理费用，采用集中收集吸附饱和的活性炭，建立统一的活性炭异位（地）再生平台，是

目前最为可行且成本较低的一种治理模式。该模式在 VOCs 排放集中的区域/城市/工业园区中得到了各地管理部门的极大重视，目前已在山东、河北和江苏等省建立了活性炭集中再生基地，每个再生基地的活性炭年再生量都达到几万吨，很好地解决了分散吸附后活性炭的循环利用问题，被认为是工业园区（如化工园区、制药园区、纺织印染园区）等中小企业集中区域 VOCs 治理的一个可行的低成本的解决办法。

④ 回收溶剂集中提纯利用技术：在很多行业中（如包装印刷、服装涂布整理、化工、制药、锂电池生产、化纤生产等行业）溶剂的使用量大，进行溶剂回收具有很好的经济效益。但回收的溶剂往往是混合溶剂，或者含水量高，或者存在溶剂变质的问题，在大多数情况下不能直接回用于生产，需要进行精馏提纯以提高回收溶剂的价值。依靠单个企业建立溶剂提纯装置费用较高，企业难以承受。在企业集中的地区，如各类工业园区，由政府部门出面组织，引入第三方运营机制，建立统一的溶剂提纯回收中心，可以大大降低企业的负担。目前已经有锂电池行业、服装涂布行业、包装印刷行业等采用该模式进行 VOCs 的综合治理，并取得了很好的治理效果。随着目前各地对工业园区综合治理规划的实施，预计该模式将会进一步得到推广。

⑤ 蓄热式（催化）燃烧技术：催化燃烧技术和高温焚烧技术是目前 VOCs 治理的主流技术之一。传统的催化燃烧技术和高温焚烧技术由于换热效率低，当废气中有机物浓度较低时需要大量能耗，治理设备运行费用高。为了提高热利用效率，降低设备的运行费用，近年来蓄热式热力焚烧技术（RTO）和蓄热式催化燃烧技术（RCO）得到了广泛应用，技术水平也得到了很大提升。蓄热系统是使用具有高热容量的陶瓷蓄热体，采用直接换热的方法将燃烧尾气中的热量蓄积在蓄热体中，高温蓄热体直接加热待处理废气，换热效率可达 90%以上，而传统的间接换热器的换热效率一般在 50%～70%。蓄热式（催化）燃烧技术的发展，大大拓宽了催化燃烧技术和高温焚烧技术的应用范围，可以在较低浓度下使用，并在很多行业中逐步替代了传统的（催化）燃烧技术（特别是在低浓度范围的 VOCs 废气治理），近年来得到了大量推广应用。

⑥ 生物净化技术：生物法最早应用于废气脱臭。近年来随着对有机污染物治理技术的研究不断深入，生物法逐步被应用于有机污染物的治理领域。生物法具有设备简单、投资及运行费用低、无二次污染等优点。但由于生物法对有机污染物的降解速率较低，只适用于净化低浓度的有机废气。此外，生物菌种对有机物的降解具有专一性，只适合于易生物降解的有机物的净化，普适性较差。由于具有绿色环保和处理费用较低等优点，近年来生物法处理有机废气的研究工作进展很快，各种生物菌剂和新的生物填料的开发不断取得突破，除了在除臭领域的应用外，近年来逐步拓展到酮类、醛类、酯类等多种类型的有机物的净化（在低浓度情况下使用），已经成为某些行业有机废气（特别是恶臭气体）治理的主要技术之一，适用范围不断拓宽。

⑦ 常温催化氧化技术：近年来在常温氧化催化剂方面的开发取得了较大进展，常温催化剂在臭氧辅助下可以促进大部分异味化合物的分解，净化效率高，在制药、农药、化工、工业废水处理尾气等行业得到了较多应用。此外，采用低温等离子体和贵金属氧化催化剂的复合净化技术也取得了一定的进展，前端低温等离子体产生的 O_3、—OH 等氧化剂和后端的贵金属催化剂在常温下进行催化氧化，净化效率比单一的催化剂有大幅提高。

⑧ 组合净化技术：近年来各种组合治理工艺发展迅速，如吸附浓缩+催化燃烧技术、吸附浓缩+高温焚烧技术、吸附浓缩+吸收技术、低温等离子体+吸收技术、低温等离子体+催化技术等。采用组合治理技术，从净化效果上考虑是为了实现污染物的达标排放，从成本上则可以降低治理费用，以最低的代价实现治理效果。从目前的治理实践来看，大部分行业中的 VOCs 治理都需要采用组合技术，有些行业甚至需要采用两种以上的组合技术才能达到预期的治理效果。

主要企业

航天凯天环保科技股份有限公司、海湾环境科技（北京）股份有限公司、青岛华世洁环保科技有限公司、嘉园环保有限公司、扬州恒通环保科技有限公司、泉州市天龙环境工程有限公司、深圳市天得一环境科技有限公司、河北先河正源环境治理技术有限公司、宁波东方兴达环保设备有限公司、山东派力迪环保工程有限公司、上海安居乐环保科技股份有限公司、天津七一二通信广播股份有限公司、武汉旭日华环保科技股份有限公司、江苏苏通碳纤维有限公司、北京大华铭科环保科技有限公司、德州奥深节能环保技术有限公司。

4．机动车尾气污染防治

机动车尾气污染防治领域，机动车污染防治行业涉及可划分为七大子系统：尾气后处理系统（载体、催化剂、衬垫、封装、尿素喷射系统）；发动机管理系统（喷油器、传感器、电磁阀、电机等）；OBD 车载诊断系统；燃油蒸发系统（碳罐）；曲轴箱通风系统（PVC）；涡轮增压系统（涡轮增压器、增压中冷器）；废气再循环系统（EGR、EGR 中冷器）等。

柴油车主要排放控制技术包括排气后处理技术（DPF、SCR、DPF+SCR）、电控高压喷射（共轨、泵喷嘴、单体泵等）技术、发动机综合管理系统、发动机本身结构优化设计技术、可变增压中冷技术、废气再循环（EGR）技术等。

汽油车主要排放控制技术包括电控发动机管理系统、配备三元催化转化器技术、车载加油油气回收系统（ORVR）技术以及汽油机颗粒捕集器新技术等。

摩托车主要排放控制技术包括对传统燃油摩托车所采用的发动机进行优化设计、化油器的优化改进、电控化油器、二次进气装置、燃油蒸发排放控制装置、点火系统的优化、电控燃油喷射系统和排气催化转化技术等。

专栏 6-5　机动车尾气污染防治关键技术

关键技术

柴油机排放控制技术：

国Ⅵ标准加严了污染物排放限值，增加了粒子数量排放限值，变更了污染物排放测试循环；增加了非标准循环排放测试要求和限值（WNTE）；增加了整车实际道路排放测试要求和限值（PEMS）；提高了耐久性要求；增加了排放质保期的规定；对车载诊断系统的监测项目、阈值及监测条件等技术要求进行了修订；增加了双燃料发动机的型式检验要求；增加了替代用污染控制装置的型式检验要求；增加了整车底盘测功机测量方法。重型车在国Ⅴ阶段的技术路线通常采用的是 SCR，由于国Ⅵ对排放限值、耐久性和一致性的高要求，所以对 SCR 要求也会随之提高。国Ⅵ标准要求 SCR 在控制成本的前提下，更加关注道路实际排放的同时提高耐久里程，并且通过添加欧Ⅵ品质的尿素，满足对 OBD 更高的要求。

汽油车排放控制技术：

① ORVR 技术：碳罐属于汽油蒸发控制系统（EVAP）的一部分，该系统是为了避免发动机停止运转后燃油蒸气逸入大气而被引入的。我国规定所有新出厂的汽车必须具备此系统，其工作原理是发动机熄火后，汽油蒸气与新鲜空气在罐内混合并贮存在活性碳罐中，当发动机启动后，装在活性碳罐与进气歧管之间的电磁阀门打开，活性碳罐内的汽油蒸气在进气管的真空度作用下被洁净空气带入气缸内参加燃烧。随着排放法规的升级，ORVR 逐渐在汽车上得到应用。

② 汽油机颗粒捕集器新技术：汽油机颗粒捕集器（GPF）被认为是应对 GDI 汽油机颗粒物排放限值最有效、最可靠的潜在技术。最新发布的《外商投资产业指导目录》（修订稿）中将“柴油颗粒捕集器”改为“颗粒捕集器”，意在消除柴油颗粒捕捉器的同时也鼓励外商投资 GPF。随着排放法规的逐步推进，未来 GPF 有望成为标配。

非道路移动机械排放控制技术：

为了满足四阶段的排放法规，经行业企业共同探讨，认为电控方面有高压共轨、单体泵，而后处理方面主要有两种基本的排放控制技术路线：① EGR+DOC（DPF）；② 优化燃烧+SCR。对于 SCR，在法规方面，需满足排放限值，对尿素品质、NO_x 控制、EGR 监控提出了更高的要求。2018 年，环境保护部发布《非道路移动机械及其装用的柴油机污染物排放控制技术要求（征求意见稿）》，该标准为《非道路移动机械用柴油机排气污染物排放限值及测量方法》（GB 20891—2014）中第四阶段标准内容进行了补充和完善，提出主要有电控燃油系统、SCR 系统、DPF 系统等，并要求安装卫星定位系统车载终端，实现排放远程在线监控。

5．室内空气净化

中国室内环保产业发展 10 余年来，基本形成了以空气净化器、新风机、净化材料、净化治理服务和室内环境检测仪器、检测机构于一体的产业链发展体系。随着消费者环保意识的提高，对空气污染治理的认可度已达到较高水平，消费水平的不断升级都成为促使室内空气净化系列产品市场增长的重要原因。室内净化相关的主要技术涉及：

（1）新风产业

近年来，随着国家有关室内空气质量各项指标、新风安装技术、净化效率等方面政策密集出台，新风产业成为环保产业的一个新兴领域。2016 年至今有关室内空气质量各项指标、新风安装技术、净化效率等方面政策密集出台，尤其是《通风系统用空气净化装置》（GB 34012—2017）新国标提出了硬性指标依据。从新风行业的产业链结构及特点来看，新风系统的核心部件由风机、空气过滤器、智能控制器、热交换芯体组成。

（2）空气净化行业

目前，空气净化器家用领域主要技术依然是物理过滤式，该类技术涉及空气净化器更换滤材的问题，当产品使用一定时间，滤网接近饱和后需及时更换，才能继续保证净化效率，但目前的空气净化器滤网价格较高，后续更换滤网费用不菲。

（3）厨房油烟净化行业

厨电行业的技术准入门槛较低，而利润率却相对较高，导致行业内充斥着大量中小企业，产品质量良莠不齐。吸油烟机按吸油烟的方式可分为直吸式、侧吸式和集成灶等类型。近年来，吸油烟机排风量得到很大的提升，市面上吸油烟机产品的排风量从 15 m^3/min 到 22 m^3/min 不等，甚至还有可能更高。

6.4.2 大气环保产业技术发展方向

虽然我国大气环保产业技术创新取得了明显的进步，但是与发达国家相比仍有差距，技术与产品还不能完全满足国内市场和排放标准的需要。未来，我国大气环保产业技术创新将向超低排放、节能降耗、协同控制、降低成本的方向发展，走入智能化、标准化、精细化、规范化的发展轨道。

1．除尘

（1）电除尘

非电行业超低排放为电除尘行业带来了发展机遇，电除尘技术如何满足非电行业的标准、规范的要求，如何适应非电行业超低排放的需求等问题，对电除尘行业也提出了较大的挑战。虽然国家及地方逐步加强非电行业烟尘控制，但相应的电除尘技术开发、创新速度不够快，针对非电行业烟尘特性的专项技术发展有待加快。为满足市场需求，亟须开发出适用于黑色冶金、建材、有色冶金及化工等行业的电除尘新技术、新工艺。

冶金行业是国内最早应用电除尘器的行业，近几年受经济形势影响，企业往往通过低价甚至超低价中标处理达标排放问题，加上冶金行业准入门槛低，电除尘器生产厂家参差不齐，市场很不规范，恶性竞争严重。在冶金行业，电除尘器的应用需考虑转炉煤气的防爆、烧结机头烟气温度波动、含湿含硫量高、粉尘比电阻高等问题。钢铁行业烧结机头由于烟气性质只能用电除尘器，随着排放标准趋严，需要有新的有效的电除尘技术和工艺解决达标排放问题。

在建材行业，玻璃窑炉配套高温电除尘器易发生故障，2016 年 12 月，环境保护部发布《水泥窑协同处置固体废物污染防治技术政策》（公告〔2016〕72 号），特别强调末端治理的窑尾烟气除尘应采用高效袋式除尘器，鼓励将电除尘器改造为高效袋式除尘器。

与火电厂电除尘技术飞速发展相比，水泥行业由于粉尘性质和工艺特点，技术没有大的突破，主要技术集中在设备的精细化设计（极板、极线优化，气流分布优化等）和高压电源应用上。

经过数十年的研究与应用，针对各行业环保排放标准的要求，国内相关公司及机构在技术路线的选择及整体部署方面已基本达成共识，预计未来电除尘技术将向低排放、节能降耗、协同控制、智能化、标准化、国际化方向发展。

在效能方面：《高效能大气污染物控制装备评价技术要求　第 2 部分：电除尘器》（GB/T 33017.2—2016）等能效标准陆续出台，精细化提效技术将是电除尘技术未来的发展趋势之一；在协同控制方面，应更多考虑电除尘设备与脱硫、脱硝设备间的配合；电源技术是电除尘设备提效、节能、降耗的关键之一，脉冲电源近年来因其优越的降耗性能得到广泛应用，预计该技术将往窄脉冲方向发展。

在智能化方面：应充分利用互联网对燃煤电厂电除尘技术数据进行归纳与模拟，科学地优化系统运行。

在标准化方面：应提升电除尘设备模块化生产水平。

在国际化方面：我国的电除尘技术已达国际领先水平，如何“走出去”占领国际市场是值得行业关注的问题之一。

在技术发展方面：将在以下方面进行重点发展：① 电除尘实现排放浓度≤10 mg/m^{3}的技术；② 电除尘在燃煤机组多煤种、宽负荷、变工况下实现超低排放的技术；③ 电除尘在非电行业实现超低排放的技术；④ 电除尘烟气脱白技术；⑤ 细颗粒物团聚电除尘技术；⑥ 电除尘控制 $PM_{2.5}$、硫酸盐气溶胶、汞的技术；⑦ 电除尘在煤气净化系统的高效技术；⑧ 高频、三相、脉冲高效电源控制技术；⑨ 电除尘装备大型化、标准化、成套化的提升技术。

（2）袋式除尘

无论从规模、生产装备还是制造水平来看，我国的袋式除尘制造业都还处于发展阶段，民营企业占 90%以上，小型企业多，集中度不高，装备和管理水平普遍不高，低价竞争、企业效益差影响了新技术、新产品的研发和产品质量的提高。

与德国、美国等先进国家工业 4.0 时代智能制造和智能工厂相比，我国现有袋式除尘制造行业仅少数处于工业 2.0 或接近工业 3.0，多数企业尚处于工业 1.0 阶段。大型袋式除尘器的自动控制系统仍以 PLC 或工控机为核心，需完善智能化、网络化的远程控制和管理。

袋式除尘器仍需进一步加大技术创新，主要表现在：① 进一步提高细微颗粒物捕集效率，排放浓度＜10 mg/m^3（标态）；② 进一步降低运行阻力，能耗下降 30%；③ 强化袋式除尘器与脱硫、脱硝、脱汞、脱二噁英等协同控制，强化袋式除尘与 VOCs 控制的联合、一体化技术；④ 各种材料超细纤维及其滤料的研制与应用将加快，成为热点；超高温过滤材料研发进程将加快，需求较大。

未来，袋式除尘的协同控制作用不可或缺，智能化与网络化是方向和趋势。

1）袋式除尘器在有效去除 PM_{10}、$PM_{2.5}$ 微细粒子的同时，还可以去除 SO_2、汞和二噁英等其他污染物，是多污染物协同控制工艺的重要组成部分，袋式除尘已从单一除尘向多污染物协同控制方向转变，未来几年将在烧结、焦化、垃圾焚烧、燃煤锅炉、水泥等多个领域实现袋式除尘协同控制，并形成多种流派，以“袋式除尘为核心的协同控制技术”，必将成为我国大气污染治理的技术路线。

2）袋式除尘系统智能化与网络化可实现袋式除尘系统运行状态的远程无线传输与数据分析、故障诊断及专家系统解决方案，最终有望实现自行处理故障和解决问题的终极目标。智能化网络化系统可为企业相关人员和政府相关部门提供运行实时信息，极大地减少巡检工作量，及时发现问题和解决问题，最大限度确保净化系统的长期、稳定和高效运行，切实提高管理的时效性，是国家和行业未来发展的方向和趋势。

2．脱硫脱硝技术

电力行业烟气脱硫面临脱硫废水零排放、硫的资源化利用、三氧化硫控制等问题，电力行业烟气脱硫面临超负荷脱硝、三氧化硫转化率增加及氨逃逸、空预器堵塞、脱硝催化剂产能严重过剩、废弃催化剂处理、湿烟羽等问题。

水泥行业也有一系列技术问题亟须解决，主要是水泥窑炉现有脱硝 SNCR 技术采用大量氨水的泄漏风险、SCR 脱硝带来的催化剂处置问题以及水泥窑协同处置物体废物技术需求。

工业锅炉行业污染物脱除现状极不理想，在新形势要求下，工业锅炉、工业窑炉等普遍采用低硫煤为燃料，SNCR+电除尘+湿法脱硫+湿式电除尘，脱硫除尘可以实现较低浓度排放，但是脱硝尚未实现超低排放。

未来，脱硫脱硝技术在电力行业和非电行业的发展方向主要有：

（1）电力行业

1）SO_3 的控制技术是近些年来受到广泛关注且进步很快的技术，高效率、低成本脱除 SO_3 及其资源化利用是未来重要发展方向。

2）目前，我国脱硫废水零排放技术仍处于广泛研究与初步应用探索阶段。现有零排放技术的投资成本普遍较高且运行费用较大。如何组合现有工艺，扬长避短，实现低成本脱硫废水零排放，提高废水和矿物盐的综合利用率，将是今后脱硫废水零排放研究的重点。

3）面对新的环保排放标准，中西部地区的（超）高硫分高灰分燃煤电厂将面临超低排放的要求。对于（超）高硫分高灰分燃煤机组，目前国内外还没有适用的超低排放技术。因此，亟须开发适用于（超）高硫分高灰分燃煤机组的脱硫除尘超低排放技术。

4）在日趋严格的环保政策限制和全社会用电量下降的背景下，实行低负荷脱硝是必行之路，需要开发高效节能低负荷脱硝控制技术，以满足低负荷下脱硝系统的运行要求。

5）随着燃煤电厂超低排放改造的推进，“有色烟羽”治理将成为燃煤电厂环保治理的重要工作之一。

6）在大数据和“互联网+”大背景下，煤电烟气污染控制数据与大数据互联网充分结合将使煤电环保产生新的飞跃。

（2）非电行业

1）活性焦/炭脱硫脱硝一体化法能实现一体化脱硫、脱硝、脱重金属及除尘的烟气集成深度净化，整个反应过程无废水、废渣排放，无二次污染。活性焦/脱硫脱硝一体化法已应用于钢铁烧结机的烟气脱硫脱硝，是适应烧结烟气脱硫和集成净化的先进环保技术。虽然仍存在较多实际问题（如运行稳定性等），但此法作为目前唯一在国内具备成功应用案例的协同治理工艺，随着进一步的摸索改进，可作为一种较适用的治理技术。

2）氨法烟气脱硫技术具有脱硫效率高、无二次污染和可资源化回收等特点，满足循环经济要求等优势。近年来，我国氨法脱硫技术取得了较快的发展，在氨逃逸控制、高硫煤的脱硫效率、氨的回收利用率等多方面实现突破，并已建成工程案例。该技术成熟稳定、脱硫效率高且投资及运行费用适中，装置设备占地面积小，适用于燃煤锅炉烟气脱硫，环保效益和经济效益一举两得。

3．有机废气治理

近年来，国外工程公司开始纷纷介入我国 VOCs 治理领域，并带来一些先进的治理技术和治理理念。虽然近几年国内企业的总体技术水平已经有了一定提升，但国内企业的总体技术水平与国外先进技术相比还存在较大差距。具体体现在：

1）治理工艺的总体设计水平较低，缺乏相应的产品设计规范；

2）对技术细节考虑不够，工艺环节比较简单，难以保证治理设施的稳定运行；

3）在净化材料（如吸附材料、催化材料、生物填料、蓄热材料等）性能方面尚存在一定差距，或者对控制材料的选择不当，造成控制效果较差。

未来，VOCs 的治理工作将逐步走入精细化、持续化、规范化的发展轨道。

通过源头替代，从根本上减少含 VOCs 原辅材料的使用量是 VOCs 减排的根本途径，减排潜力巨大。在 VOCs 排放量最大的涂装、印刷、胶黏、清洗等行业，需要大力推动水性及环保型的涂料、油墨、胶黏剂和清洗剂的使用。

加强过程控制和无组织排放控制，在石化和化工等行业全面推广应用泄漏检测与修复（Leak Detection and Repair，LDAR）技术，依然是行业 VOCs 减排的重点。提升清洁生产技术水平，采用密闭生产技术，提高废气收集效率，减少无组织逸散，强化末端治理是涂装、印刷、化工、制药等 VOCs 排放重点行业的发展方向。

末端治理方面将从前几年的无序发展朝着规模化、精细化治理方向发展。针对石油化工、包装印刷、表面涂装等重点行业将逐步完善合理可行治理技术指南体系，有针对性地进行 VOCs 治理，提高治理效果；针对吸附回收、吸附浓缩、蓄热焚烧（RTO）、催化燃烧（RCO）、生物净化技术等主流治理技术，将逐步完善其产品标准和技术性能要求，提升总体技术水平；针对低温等离子体、光催化、光氧化等治理技术，在提升技术水平的前提下将逐步确定其适用范围和应用领域。

4．机动车尾气污染防治

机动车尾气后处理装置行业经过 10 多年的发展，企业产品技术水平、产业装备和制造水平都有明显提升。随着法规加严，技术水平较高的企业能及时为市场提供满足质量要求的尾气后处理装置。但是还有许多企业存在技术水平比较低下，工艺管理流程不规范，研发和检测设备和手段缺乏等问题。

虽然现在面临电动化的国际趋势，但在未来相当长的时间里，柴油机仍然是公路运输业主要的动力来源，因此，中型柴油车是机动车污染控制中的重中之重。在国Ⅵ标准下，DPF 和 SCR 技术融合以后对 SCR 催化剂带来了热冲击。CU 基小孔分子筛耐高温材料昂贵，如何在降低成本的情况下保持热稳定性将是一大挑战。不仅要在设计上对 DPF 进行改进，尽量减少再生次数，减少热冲击，节省燃料，在研制新型非对称模具上也要突破难关，实现量产。在发动机系统方面，后处理系统的重要性进一步上升，要跟发动机系统紧密耦合成一个体系，不仅要读取数据，还要相互制约，后处理系统要能向发动机发指令，这是目前“卡脖子”的重要技术问题，需要在国Ⅵ阶段取得突破。

5．室内空气净化

未来，室内空气净化相关的主要技术发展展望如下：

1）新风产业：① 智能控制，家电产品的互联互通及自身的智能化是一种必然的趋势；② 自清洁技术，因为新风机使用过程中的维护非常麻烦，消费者不希望购买产品后就频繁考虑换芯片或者换管道等问题；③ 高效换气，随着国家对建筑的节能要求逐步提高，建筑材料的气密性能越来越好，建筑内的高效换气尤为重要；④ 净化新材料的应用，如 EPP 新型环保材料等，新材料技术使产品的成本更低，产品更具竞争力；⑤ 自平衡技术也是新风系统重要的发展方向之一，因为用户需要系统达到风量恒定、风压自动调节。

2）空气净化：① 未来空气净化器的滤网技术将向着高净化容量、低耗材方向改进，新国标规定的 CCM 值将成为未来空气净化器产品净化延续性的重要考量指标；② 空气净化器产品升级的另一个标志就是降噪技术的进步，空气净化器品类涉及流体学、机械学等方面技术，因此在电机和风道设计方面技术壁垒较高，行业内掌握该技术的企业有限，产品降噪技术有待进一步突破；③ 空气净化器未来必定朝着智能化的方向发展，主要体现在可远程控制、预约定时净化起始时间、耗材使用情况、净化空气所用时间、实时监控环境 $PM_{2.5}$、随时转化多种净化模式等方面。

3）厨电油烟净化：整体厨房、物联网、人机交互、大数据等将在科技的发展下与厨电产品产生更多的联动，集成灶、中央吸排油烟机、无管道油烟净化设备等新型产品或将成为市场的亮点。

6.4.3　大气环保产业技术创新优化对策

（1）培育大气环保企业核心竞争力

我国大气环保产业技术创新的主体是企业，要建立以企业为主体的大气环保产业技术创新体系。培育企业成为自主创新的主体，提高企业自主研发的意识，鼓励未开展研发活动的环保企业，以市场为导向，有效地进行研发投入活动。引导已开展研发活动的企业从长远的角度出发，重视企业研发能力的持续性和稳定性，保持研发投入的连续性。引导企业将资金投入到核心关键技术的研发上，提高技术产出的附加值和竞争力。对从事环保创新技术作出较大贡献的企业，对其进行提供政策和资金方面的奖励。为企业的科技创新提供制度保障与必要的扶持，包括建立面向中小企业的竞争性科研基金、对创新型企业或项目的税收、土地使用等方面的优惠等。

大气环保产业大部分是中小型民营企业，创新能力不足，国际竞争力弱。鼓励环保企业兼并重组，促进环保行业上市企业和龙头企业的形成与发展，以扩大企业规模的方式，提升技术创新能力；鼓励兼业环保企业和专业环保企业间开展技术合作，推动跨区域、跨行业的投资合作模式。同时，中小型企业的一个突出问题是融资难，需要国家大力扶持，拓宽环保企业融资渠道，形成多元化的投入机制。加强政府对私人控股企业技术创新的资金支持力度，拓宽支持领域，减少政府补助资金在项目申请过程的环节，建立过程监管及成果审核机制，提高政府研发补助资金的使用效率。鼓励成立环保产业技术创新基金，完善绿色信贷、绿色证券、绿色保险等多融资新平台；在银行贷款、股票上市、发行债券等方面对大气环保民营企业给予更多的优惠支持；探索新型资本模式，为技术创新和成果转化项目提供风险担保和风险投资。

（2）促进大气环保产业产学研深入协作

虽然大气污染治理领域创新主体数量众多，但是资源分散，缺乏凝聚力，产学研合作创新成果产出不多，科研院所和高校的技术创新优势尚不明显。因此，亟须完善产学研合作机制体制，促进产学研协同创新，实现不同创新主体间科技资源的整合和共享。政府通过制定贯穿环保产业协同创新始终的法律政策，明确产学研各方责任及违约惩罚措施，保证环保产业产学研协同创新的正常运行。

鼓励大气环保企业与相关管理部门、科研单位和高校等机构合作，建立产业联盟以及政产学研联盟，实现产学研一体化。鼓励和支持骨干企业创建国家环保工程技术中心、重点实验室。推动建立以大型环保骨干企业、研究机构为依托，上下游产业链较为完整、产业结构比较健全的大气环保产业技术创新联盟。科研院所与高校拥有较多高端科技研发装备、设施与专业科技人员，可通过有偿使用、成果共享等模式创造条件搭建公共平台，实现技术研发资源的高效共享。

（3）畅通大气环保产业技术成果转化渠道

推进技术创新转化平台建设。搭建技术成果转化服务中介机构、技术产业孵化平台等，加速技术创新成果转化。构建中小企业的公共信息服务平台，建立技术创新专业网站和公共技术信息数据库，为中小企业有针对性地提供市场、技术、政策等信息和咨询服务，缩小中小企业的技术产业化周期。建立技术成果效益评估机构和技术成果推广平台，对新产品的规模化生产能力、性能稳定性、收益成本等方面进行评估，为企业提供技术成果的直接经济效益评价结果，对新技术、新产品等进行推广。开展大气环保技术评价—筛选—验证制度，建立环境新技术、新产品示范转化推广应用机制，建立大气环保技术成果转化长效机制。

引导环保企业建立与国内外重点高校、环境科研院所之间的联系和沟通渠道，建立利益共享、风险共担的合作机制，缩短新产品从研究开发到进入市场的周期，有效降低技术创新的风险和成本。培育建设一批专业化的科技成果孵化器及成果转化中介服务机构，利用专业人员建立企业和科研机构的沟通，引导鼓励高校、科研机构与环保企业的深入合作，搭建对接平台推进成果转化，加速环保科技研发与成果转化进程。

（4）建立和完善大气环保产业技术创新政策体系和激励机制

大气环保产业技术创新对政策有着极高的依赖性，国家和地方出台和执行环境政策和法规标准的宽严程度会很大程度上影响到大气环保产业技术创新的活跃度。因此，国家和地方应当严格环保监管执法，充分利用各类政策工具，形成规制与激励并存的推动大气环保产业技术创新的政策驱动力。加强地方党委政府对大气环境质量负责的督察，落实党政负责人大气环境质量目标责任制，加强责任追究，全面提高环境执法水平，从而推动大气环保产业技术创新。

完善技术创新市场机制和环境。构建公平合理的市场规制和竞争开放的市场环境。加强技术转化过程中的知识产权保护，以专利转让等形式促进新技术的产业化推广。加强企业技术创新知识产权服务、检测认证体系机制的建设，构建公平合理的市场规则体系，制定相应处罚机制，形成反向约束。构建由市场决定技术创新方向、政府辅助和购买服务的方式支持技术转化和推广的市场化机制，以政府资助和购买等方式支持新技术的商业化和市场推广，以企业为主体探索应用合同环境服务、BOT 等新型商业化模式。构建由市场决定技术创新方向、政府辅助和购买服务的方式支持技术转化和推广的市场化机制，充分发挥企业作为市场和创新的纽带作用。落实鼓励企业技术创新的优惠政策，强化企业研发经费抵扣税收等政策的落实，提高企业技术创新投入的回报。

第 7 章　环保产业园管理创新

7.1　国内外环保产业园管理对比

7.1.1　国内环保产业园管理现状

1．管理模式

（1）管理层次

从管理的结构层次来说，我国环保产业园的管理层次可分为 3 层：宏观指导层、管理执行层及服务层（图 7-1）。宏观指导层即管理的决策层，负责产业园区重大问题的决策和宏观指导，通常为中央或地方政府部门及其派出机构联合组成的领导小组、委员会等。管理执行层可由政府部门担任，或可由科研机构（大学）、产业园管理机构担任，也可由各主体共同担任，具体负责园区的规划建设与运行。服务层通常为物业公司、中介机构和咨询公司等服务性企业和机构。根据管理层级和不同管理主体如政府、科研机构、园区和企业之间的关系划分，我国环保产业园综合起来大致有 3 种基本模式：政府主导型、企业主导型（也称公司管理型）和混合管理主体模式。

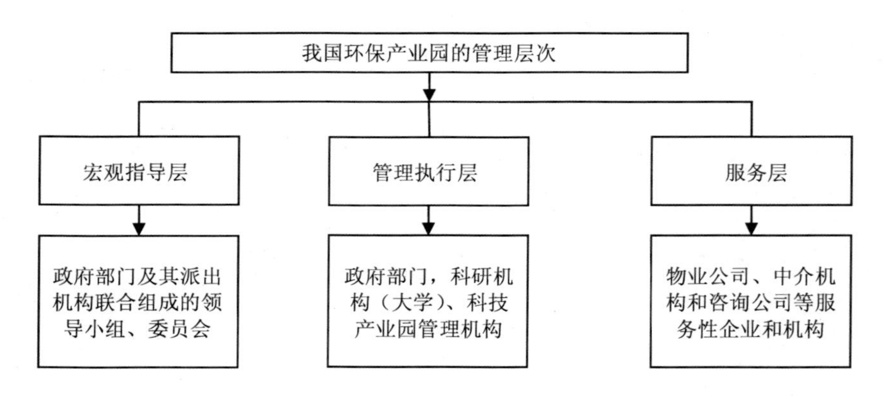

图 7-1　我国环保产业园的管理结构层次划分

（2）管理主体

1）政府主导

政府作为产业园的管理主体，是我国大部分环保产业园采用的一种管理模式。这种模式的管理基本特征是由政府或者政府派出机构主导，领导、组织和具体实施环保产业园的建设、管理和服务工作。具体形式一般是产业园的省（市、县）设立领导小组，负责指导、协调和决策。园区成立管理委员会，作为属地政府的派出机构，由属地政府或人大授权，代表政府在园区行使经济管理权限和相应的政府职能。

政府主导型管理是指政府在园区的规划建设、组织管理及其发展方面起主导作用。政府将环保产业园的发展纳入区域经济的发展规划中，由所在地的政府或政府的职能部门对产业园的生产运作等方面进行全面直接的管理。政府主导型的产业园又分为纵向协调型和集中管理型。“纵向协调型”模式的优点是有利于当地政府实施宏观调控，能够使园区发展与当地的整体发展保持一致；缺点是因园区管委会权力较小，园区管理职能和权限分散于政府具体职能部门中，形成多头管理，往往会造成推诿与扯皮的现象，从而使管理效率降低，也不利于园区开展创新性工作。“集中管理型”模式也称为“封闭式管理”模式，一般由所在地政府授权组建专门的管理机构——园区管理委员会，管委会具有较大权力，可自行设置各种行政管理部门，并享受所在城市的市级各管理部门的权限，对园区规划、建设和运营实施全面综合管理。

政府主导型管理机制可以充分利用我国政府的优势特点建设发展产业园区。一是地方政府可以利用宏观调控手段对园区进行整体规划和布局；二是有利于园区争取到更多的优惠政策和财政资金，为园区积蓄更多的发展基础和资本实力；三是便于利用政府权威协调园区与外部单位和部门的关系，在土地征用、项目审批等工作上有效疏通渠道，提高办事效率；四是由地方政府出面招商引资可以在很大程度上消除投资方的顾虑，提高项目落地率；五是社会化服务体系的健全为企业发展提供更多的便利。但是，政府主导型管理机制也存在弊端。首先，尽管人们习惯于把管委会看作一级地方政府，但是我国法律体系中并没有关于管委会性质的立法界定，因而管委会也就没有明确的法律地位和行政主体资格，这样就容易造成管理上的混乱；其次，由于政府各部门派驻在园区的机构逐渐增多和部门自利性的存在，管委会往往会走向膨胀，背离精干高效的“小政府、大社会”管理体制。

我国大多数环保产业园多为政府主导型管理模式，其发展都是政府基于经济、社会和生态环境特征制定园区发展政策，推动园区的发展壮大。园区建设由相关政府部门规划管理，有利于整合地区行政资源为园区建设服务，在资金、土地、税收、人才、信息等方面都具有优势，项目推进速度快。园区的建设和招商是站在地区发展的战略高度，有助于优化地区的产业结构，并对区域经济发展起到战略性带动作用。目前，我国大部分环保产业园和集聚区属于以政府为主导型园区，包括苏州、常州、南海、西安、大连、济南、哈尔滨、沈阳、重庆、武汉、宜兴、天津和北京等地园区。

案例 7-1　成都节能环保产业基地调研

基本情况：成都市“一区一主业”产业定位规划的全市唯一以节能环保产业为主导产业的工业基地。重点发展“节能环保装备制造、节能环保产品生产、资源循环利用、集成服务”四大产业集群。基地包括金堂工业集中发展区和成阿工业园区两个省级工业园区，建成面积 25.8 km^2，目标是建设成为国际化万亿级产业新城，为成都建设国家中心城市提供产业支撑。2016 年，50 余户企业产品列入四川省或成都市名优产品。2017 年规模以上企业 162 家，产值约 170 亿元。

管理组织架构：为政府主导行为，设有园区管委会，由政府组织抽调人员组成管理机构，政府的职能为协调管理，主要负责人才引进、招商引资、融资等工作。

项目管理：目前对入园的企业要求较高，主要引入节能环保企业，由最开始的招商引资转变为现在的招商选资。目前做得比较好的环保产业龙头企业：膜处理技术的美富特，做金属膜的易态科技。其他环保行业包括成都冬季的雾霾治理、VOCs 治理，市政水处理、黑臭水体治理。除节能环保产业外，基地下一步还将优先发展航空、新材料、汽车（新能源汽车）三大产业；培育发展精密机械及智能制造装备、电子信息、新能源三大产业；远期规划发展新一代信息技术、高端智能制造、超级新材料、生命科学等高端前沿产业。

园区科技管理：园区管理机构鼓励企业进行技术推广，连续 4 年成功举办“中国成都节能环保产业博览会”。鼓励加入四川环保产业联盟组团参展；鼓励企业参加国内、国外的展会，现已组团参加澳门环保技术展会。研究推荐产品目录，希望以国家的名义进行推广。基地现有省级研究院 1 个（四川联合环保装备产业技术研究院）。

2）企业主导

企业主导型也叫公司管理型。一般由一家或几家龙头企业主导发展，较容易吸引上下游企业参与其中，有利于产业链的构建，在实践中政策驱动与企业运作常常是相互依赖、协同促进产业园区发展。在政策指引和政府及其相关部门的协调配合下，关键企业负责园区的规划设计、土地开发、项目招标、建设管理、企业管理、行业管理等。政府相关部门主要负责诸如人事、税收、工商以及公共基础设施建设等公共服务。

这种管理模式的特点是园区内没有设立独立的行政管理机构，其管理者即园区企业的最高层领导机构或由企业合作建立的园区管理公司（具有独立法人地位），企业之间的关系是平等的或者是集团企业的分支机构，它们依据明确的产权关系发生关联。园区完全按照市场规律对企业的生产运作进行统一规划，依据自身的发展要求在园区范围内进行全面的战略决策和管理，对各成员企业的生产运作进行合理规定，各成员企业则完全依据园区统一规划和发展计划来进行运作。园区可依据园区企业的产权关联，在园区内建立高度共享的信息管理系统，可对园区各企业的生产、销售、财务等部门进行整合，实现全面的控制和管理。园区内的资源投入、商业机密等在园区范围内，通过企业领导层的行政命令或协调得以解决。

企业主导型管理模式首先可以使园区的开发管理工作实现专业化，产业园的管理不再享有政府的特殊性管理，关键企业对园区的管理遵循市场经济规律，强调区域经济的重要性，这种模式与我国环保产业市场经济的要求最为接近，运作效率和建设效益较高。其次，由于企业对市场需求具有较好的预见性，对产品的选择具有较强的敏感性，有助于避免产能的盲目扩大；也有利于提高管理机构对市场信息的敏感度，使园区企业更及时地跟上市场需求，还可以运用经济杠杆进行园区管理，有利于提高开发建设的效益。同时，企业主导型管理模式也存在一些弊端。与其他模式相比，企业化模式有利于避免政企不分引起的一系列问题，主导企业的管理部门不具有政府职能，缺乏必要的政府行政权力，对于园区内的大量行政性事务，仍需所在地政府的职能部门管理，协调成本较高，在推进产业园建设的过程中较为被动，容易影响整体管理能力的发挥。此外，企业主导型管理机构的管理属于企业行为，可能过于以经济效益为目标，偏离园区设立的初衷；主导管理机构承担部分社会管理职能，将会给企业带来一定程度的负担。

案例 7-2　苏州国家环保产业园：采用股份制公司的模式运作和发展环保产业园区

苏州国家环保产业园是首家企业化运作的国家级专业园区。作为苏州环保产业园的运营主体——苏州国家环保高新技术产业园发展有限公司，于 2003 年 1 月成立，由苏州高新区经济发展集团总公司、中节能实业发展有限公司、苏州苏高新科技产业发展有限公司、苏州新区创新科技投资管理有限公司共同出资成立，现注册资本 8 500 万元，公司总资产 2.15 亿元。公司确立了“环保综合服务商”的战略定位，在产业园良好运营的基础上立足产业发展，将园区增值服务和实业项目开发作为转型两大方向。2006 年，公司被授予“中国环保产业园公众满意第一品牌”；2015 年，公司凭借“中国化工园废气在线监测”项目入选年度中美绿色合作伙伴计划；2016 年，公司被授予“2016 中国产业园区营商环境百强”。

苏州节能环保高新技术创业园在园区管理和企业和项目孵化的过程中形成了一套特色的服务。

① 实行“一条龙”服务，降低创业风险与成本。提供企业开办、财税、政策、法律、金融、专利等各项业务。为创业者提供政策咨询、创业指导、创业导师对接辅导、专业培训、资金支持、技术交易、成果转化等专业化孵化服务。

② 提供金融支撑平台，解决创业资金难题。创业园与金融机构建立良好的合作关系，综合各方面资源，如种子基金、各类担保，以及引入风险投资及私募资金，包括辅导企业申报各类科技项目取得科技部、原环境保护部、地方各级政府的资金援助和扶持，为企业构筑多方位的政策金融支撑平台，为在孵企业“增氧输血”。

③ 构筑完善的中介服务平台。创业园利用自身优势，搭建平台提供企业管理咨询服务、技术贸易服务、知识产权服务、科技信息服务、财务代理服务，为创业园的在孵企业提供了专业化、集成化的优质服务，形成了完善的中介服务体系。

目前，我国的环保产业园中青岛国际环保产业园是由清华大学设立的浦华控股有限公司等五方共同出资设立的中外合资项目，该园区是我国第一家企业主导、著名高校参与、以循环经济概念为开发理念的环保产业园。另外，上海国际节能环保园由上海国际节能环保发展有限公司负责进行开发、建设和运营，该公司由中国节能环保集团公司、上海仪电控股（集团）公司及上海宝山城乡建设投资经营有限公司三方共同投资。

3）混合管理

混合管理主体是一种由政府部门、企业、大学等科研机构共同参与管理、建设，并形成合作伙伴关系的管理模式，即政、产、学联合管理模式。一方面政府指导促使产业园拥有强大的支持后盾，创造良好的运营环境；另一方面，多方共同管理可在一定程度上避免政府行政干预过多，激发企业和大学的创新活力。但混合管理对于如何协调政、产、学之间的关系，如何分工协作有很高的要求。作为衔接资本、技术、知识和人才的桥梁，产业园的建设离不开政府、企业与大学之间的合作，这种模式对于发展阶段的环保产业园非常适宜。这种管理体制的优势体现了利益和风险分摊的原则，对于投资大、风险高的产业园来说相当重要，它以资金管理牵头、带动行政管理和技术管理，使管理权力和利益风险挂钩。政府不直接参加管理，而是通过出资施加影响，引导开发区发展。其局限性在于，缺乏统一的权威，协调工作较为困难。

案例7-3 宜兴环保科技工业园："一品一所一公司"

2011年7月，由宜兴环科园和哈工大共同出资组建的"江苏哈宜环保研究院有限公司"正式成立，标志着一个"政、产、学、研、用"新模式的实践，一个集团公司"新生命"的诞生。

哈宜研究院和哈宜公司正是"政、产、学、研、用"合作的典型，其存在本身就是充分利用了政府、高校、企业各自在政策保障、科研力量、产业化平台上的优势，同时利用"公司化"在市场中的灵活性、自主性，化解了很多掣肘，调动了参与各方的积极性，克服了传统"产、学、研"合作的弊病。

江苏哈宜环保研究院有限公司是哈宜研究院的市场化运营和项目产业化的主体，其定位是工程投资公司和技术服务公司，作为工程投资平台、环保技术与装备的研发平台、成果转化平台对专项技术公司和合作公司进行服务，支撑宜兴环保产业的持续发展。江苏哈宜环保研究院有限公司其市场销售定位为技术输出而非产品输出，主要输出内容为环保标准、环保先进技术、环保工程总包、成套设备、咨询技术服务。

哈宜总公司运行采用"一品一所一公司"模式，即"一个科研产品+一个研究所（团队）+一家实施产业化的企业"。哈宜总公司将通过联合优秀企业和机构，在某一领域或以某一专项技术为基础建立专项技术公司或合资子公司，由总公司对子公司提供研发、技术、管理支持、政策导向和团队服务，合作投资方负责子公司市场业务运营。通过特色专项技术公司的建设和发展，总公司将构建完整的环保工程全流程专业化子公司团队，形成哈宜特色产业链的新模式环保产业联盟。

在混合管理型管理体制下，产业园的管理委员会作为政府部门组成的指导委员会及领导小组的派出机构，对园内的运行发展只能进行宏观调控，与产业园不再是领导和被领导的关系，而是服务与被服务的关系，产业园由政府、企业、大学共同参股组建的公司进行建设、管理与运行，从而形成政府指导、企业参与、大学扶持的各有分工，相互协作的高效管理体制。通常情况下，混合管理主体的管理模式分为政企合一型和政企分离型。

政企合一型管理模式实行一套班子、两块牌子。采用这种管理模式的环保产业园区不同于一般的园区，也不同于一般的行政区，而是综合两者的功能，既承担产业园区的开发建设任务，又承担地方政府的行政管理职能，园区管委会主任同时也是地方政府领导。政企合一型管理模式就是在园区管理委员会的下面设立一个发展总公司，管理委员会和发展总公司在人员的配置上相互混合，管理委员会的主任和发展总公司的总经理通常是一人兼任，管理委员会负责决策和其他服务性职能，而发展总公司很少有决策的权力。发展总公司是经济实体，但管理上仍然具有很大的行政性质，不但行使审批、规划和协调等职能，负责园区的基础设施建设，还负责资金的募集、开发建设等具体经营性的事务。

这种模式的优点：产业园管理委员会和发展总公司的设立有助于发挥行政职能，同时也可以发挥总公司的经济职能，在产业园建立的初期阶段对其发展有较强的推动作用。该种管理模式综合了一般产业园区和行政区的优势，使产业园区形成了集行政、经济、社会于一体的综合发展区域，这样有利于整合、发挥园区与行政区的资源与创新优势，实现优势互补，为园区经济提供更多发展机遇和发展动力。其缺点：由于发展总公司基本上没有决策自主权，随着产业园的进一步发展，产业园管理委员会不但负责宏观的决策，还要负责具体的微观管理，权力的过分集中降低了管理的效率，也容易造成政企不分，总公司不能发挥其应有的作用；容易干扰和冲击园区的经济开发管理的主要功能，造成目标偏移，弱化园区的示范带动效应。

案例 7-4　华夏幸福产业园区：政企合一型管理模式

华夏幸福与地方政府的合作是通过签订长期的排他性的合作协议，以政府主导、企业运作、合作共赢为核心，形成的政府和企业收益共享、风险共担的合作模式。华夏幸福不是通过买地取得园区开发权，而是通过与政府签订合作协议来获取园区开发经营权，这样就免去企业主导的产业园开发模式下买地占用大量资金的问题。同时，华夏幸福通过为政府垫付前期基础设施开发的资金，政府利用土地或者资金等形式对华夏幸福垫付的资金进行分期返还，这样就免去地方政府的资金压力，提高了地方政府开发产业园区的积极性。不仅如此，华夏幸福对产业园区的开发介入很深，包括前期的规划设计、土地整理、园区基础设施开发、招商引资和配套设施的开发均有深入的参与，通过政府主导，企业运作的模式极大地提高了园区开发的效率，解决地方政府主导的产业园区模式下政府开发能力和效率较低的问题。同时，在产业园区开发的过程中所带来的收益，各方利益和风险得到有效的协调，在地方政府的角度，政府得到了基础设施的完善，入园企业增加带动的税收增加、区域土地价值的提升、人民良好的就业，而承担比较低的风险。而华夏幸福得到落地投资的返还，以及为政府提供服务和建设带来的收益和廉价的获取土地资源。但承担了前期比较大的资金风险。其合作模式见下图。

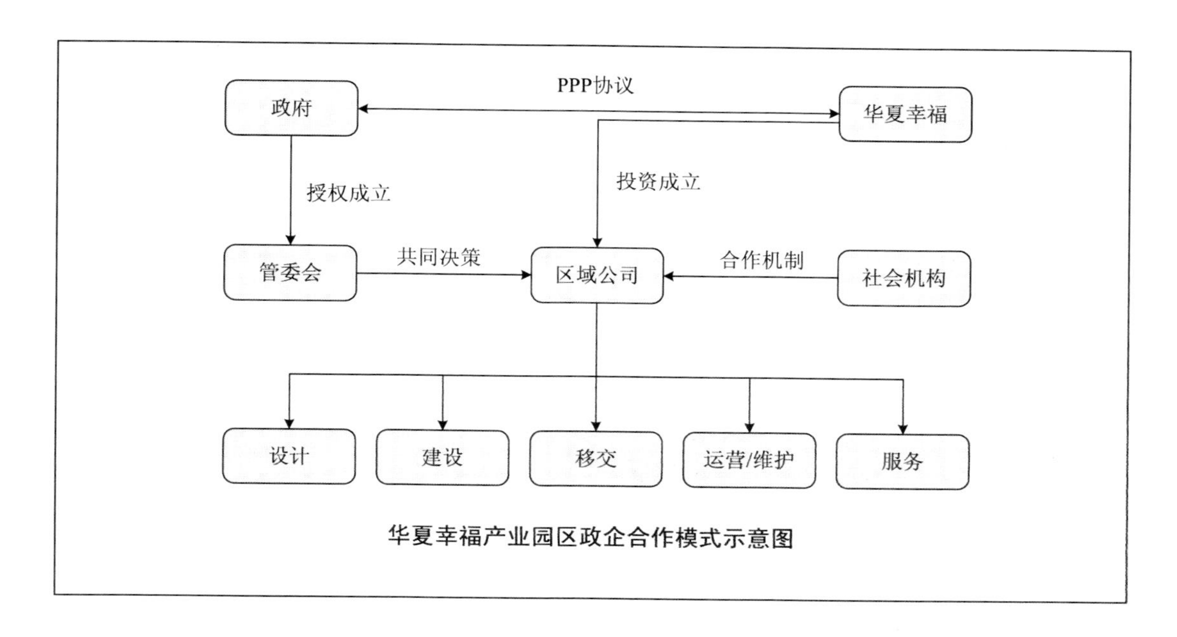

华夏幸福产业园区政企合作模式示意图

政企分离型管理模式是指政府和企业通过合理分工，清晰界定各自职能来构建园区管理体制的模式。这种模式主要是把园区的行政管理和公共服务职能与经济开发区功能进行合理划分，分别构建相应的管理机构。

政企分离型管理模式的优点：经济事务与公共服务事务合理分工，有利于管委会从大量而具体的经济管理事务中解脱出来，集中提供公共服务，提高工作效率。经济管理工作由独立公司负责，有利于按照市场经济规律解决经济发展问题，有利于运用经济杠杆进行园区的建设与管理。其缺点：总公司作为经济组织，缺乏必要的政府行政权力，如在征地、规划和项目审批等方面没有行政权力，就会影响管理能力的发挥。由于产业园的经济贸易开发总公司是一个企业，企业的目的就是追求利润最大化，因此，总公司会利用各种手段达到这个目的，有时候追求利益的最大化往往会偏离了开发区应有的定位和职能。

园区管理模式、管理主体、职责、具体形式及优缺点见表 7-1。

表 7-1　园区管理模式、管理主体、职责、具体形式及优缺点比较

管理模式	政府主导型	企业主导型（公司管理型）	混合管理主体模式
管理主体	政府或者政府派出机构主导	由一家或几家龙头企业牵头	由政府部门、企业、大学等科研机构共同合作
管理主体职责	领导、组织和具体实施环保产业园的建设、管理和服务工作	龙头企业园区的规划设计、土地开发、项目招标、建设管理、企业管理、行业管理等	政府指导促使产业园，企业、大学参与运营管理

管理模式	政府主导型	企业主导型（公司管理型）	混合管理主体模式
具体形式	园区成立管理委员会	园区内没有设立独立的行政管理机构，其管理者即园区企业的最高层领导机构或由企业合作建立的园区管理公司	由政府、企业、大学共同参股组建的公司进行建设、管理与运行
优点	有效利用宏观调控手段对园区进行整体规划和布局；可得到优惠政策和财政资金；土地征用、项目审批等工作上有效疏通渠道；有利于招商引资；社会化服务体系的健全	使园区的开发管理工作实现专业化，关键企业对园区的管理遵循市场经济规律，强调区域经济的重要性；园区企业更及时地跟上市场需求，还可以运用经济杠杆进行园区管理，有利于提高开发建设的效益	体现了利益和风险分摊的原则，以资金管理牵头、带动行政管理和技术管理，使管理权力和利益风险挂钩。政府不直接参加管理，而是通过出资施加影响，引导开发区发展
缺点	没有明确的法律地位和行政主体资格，容易造成管理上的混乱；背离精干高效的“小政府、大社会”管理体制	协调成本较高，在推进产业园建设的过程中较为被动，容易影响整体管理能力的发挥；过于以经济效益为目标，偏离园区设立的初衷	缺乏统一的权威，协调工作较为困难
案例	我国大部分环保产业园和集聚区属于以政府为主导型园区，包括常州、佛山南海区、西安、大连、济南、哈尔滨、沈阳、重庆、武汉、宜兴、天津和北京等地园区	苏州国家环保产业园：采用股份制公司的模式运作和发展环保产业园区	宜兴环保科技工业园

2．运行方式

（1）园区管理委员会直接运行

在我国，环保产业园区建设完成后，一般成立园区管理委员会直接对园区进行运行管理。园区管理委员会是园区的直接管理机构，一般隶属园区所在市区的政府，园区管理委员会具有浓厚的行政色彩。园区管理委员会在建设初期主要负责制定园区发展总体目标和发展规划，在园区建成后，协调企业关系、统筹园区内企业间能量或物质的交换，规范园区文化，加强和维护园区内相关设施的正常运行与更新。

园区管理委员会具有细化的部门、明确的职责分工和专职人员。各部门按职责分工分别负责园区的企业管理、人才引进、招商引资等重要环节。首先，园区管委会发挥政府的服务职能，制定总体发展方案，制定发展政策、园区运行规章制度、园区土地财税政策、人才引进、产业孵化政策等，培育共同的组织文化，从顶层规划上设计园区管理的规章制度和各种政策。通过制定优惠政策吸引优质环保企业入园。上下游相关企业被加入产业园区的经济效益与发展预期所吸引，相继入驻园区。

其次，园区管委会在园区的日常运行中还发挥“第三方”的功能，负责园区与企业沟通、企业与企业之间的沟通。园区管委会通过企业调研等方式，及时接受企业反馈建议，为减少与园区内企业间的距离感，使园区决策在保证大目标的同时有利于园区内企业利益。对园区中各企业进行统筹协调，通过举办联盟会、展会，搭建交流平台的方式，加强企业之间的交流沟通，同时处理好企业之间的利益与冲突等问题。

最后，园区管理委员会作为园区的直接管理者，对园区的软硬设施进行积极维护和管理，为企业提供服务，保障园区政策运行。

（2）园区建设投资有限公司运营

为了提升管理效率，我国一些环保产业园尝试建立园区建设投资有限公司，替代管理委员会来负责园区的招商引资与商业规划。政府向园区建设投资有限公司支付一定的管理费用并签订合作契约，由投资有限公司完成管委会委托的相关任务。在角色上，环保产业园由政府投资建设，仍是产业园的产权所有者，但是政府通过委托关系，聘请园区建设投资有限公司完成园区相关计划和经济指标的设计，实现专业化招商、高效服务的运营。这种政企互商互动模式既发挥了园区建设投资有限公司的成熟团队和专业化服务的优势，又保证了园区发展方向和整体形象，成为增强园区吸引力的重要途径。

例如，南海国家生态工业建设示范园区暨华南环保科技产业园，其管理是由佛山市南海国家生态工业示范园区管委会和佛山市南海生态工业示范园区有限公司来承担，园区管理委员会主要负责处理园区的日常管理工作，园区有限公司负责园区的招商工作和园区经营。

3．园区监管

在我国，环保产业园园区是由政府进行监管。中央和地方政府的环保部门对园区的规划建设以及运营进行统一的监督验收，透明环保产业园自身与行政执法者行为。

目前，我国环保产业园管理运行模式呈现以政府为主导的条块模式，政府环保部门的监管、园区管理委员会的直接管理构成了国内环保产业园的主要运行管理体系。我国是以公有制为主体，多种所有制经济共同发展的经济制度，这就决定了政府在经济发展中的重要地位。国内环保产业园的最高决策机构具有一定的行政色彩，其重大决策和重大问题的协调也多由政府部门承担。

4．区域特点

（1）东部地区

① 开展绿色招商，提高土地利用率。东部地区通过绿色招商，推进环保产业园区的建设和管理。通过引进延伸环保产业链网、上下游产品关联度大、环境污染小的项目，对不符合产业政策、资源环境要求的项目不予准入，从源头实现污染物的减量。在此基础上，实现单位土地产出的大幅提升，从而提高了土地利用率，一定程度上缓解东部地

区环保产业园区建设土地紧张的问题。相关统计数据结果显示，东部地区环保产业园区的单位土地面积产出效率明显高于其他中西部地区相应园区。

② 科技创新，推动产学研合作。东部地区环保产业园区推动以企业为主体的产学研合作，加大科技研发投入，不断解决环保产业园区建设及管理的技术瓶颈。盐城、宜兴等地的环保产业园近年来先后依托清华大学、中国科学院过程工程研究所等国内环保领域顶尖高校及科研院所承担并完成了多项国家、省环境保护科技项目，并建成了示范工程及重点实验室。

③ 强化园区精细化管理，创新环境管理机制。东部地区特别是江苏省在推进环保产业园区的建设中，引导园区着力搭建环保产业信息平台、企业可持续发展评价、企业生态沙龙、废弃物交换平台、共同环境行动宣言等各种环保产业服务平台。依托这些平台，培育企业环保技术研发和环境社会责任，取得了良好的效果。

④ 凸显特色创建理念，突出企业创建主体地位。在环保产业园区建设及管理过程中，企业才是管理创新的主体。东部地区各环保产业园区采用多种手段、形式，鼓励和帮助企业实施节能减排、清洁生产、产业转型；通过举办多种交流会等形式，提高企业对环保产业园生态化建设的认知，引导企业之间形成物质闭环流动，减少废物的产生排放。经过几年的建设，东部地区环保产业园区逐渐凸显特色创建理念。

（2）中西部地区

① 总体发展相对滞后，局部水平参差不齐。环保产业已经逐步引起中部和西部环保产业园区建设者的关注，但在具体建设过程中，受到资金、技术、人力以及自然生态环境条件等方面的制约，同时由于生态环境保护意识的普及程度不高，很多园区建设仍处于初级阶段，发展理念和举措仍需进一步完善和深化，发展空间很大。

② 管理较为粗放，技术及人才引进存在较大障碍。受限于区位、意识及经济发展等因素的影响，中西部地区环保产业园区管理手段较为单一、贫乏，管理整体较为粗放，难以有效支撑产业园区的精细化管理。同时，与东部园区相比，中西部园区很难吸引到国际及国内环保产业高端技术及人才，引进存在很大瓶颈和障碍。

7.1.2 国外环保产业园管理模式

1．政府管理型

政府管理型特点是政府参与园区的规划、建设以及管理和运营。园区的最高决策机构是政府相关部门，由其设立专门的机构负责园区管理政策的执行。日本筑波科学城就是此管理模式最典型的例子。日本政府通过首相办公室下设的“科学城推进部”直接参与科技城的整个建设及运营过程，包括最初的选址、规划与设计、功能定位、人才吸纳以及后期的科研、园区运作等环节，各种设施的配备都需经政府审批，私人研究机构及企业也由计划控制。一项技术开发，必须经过立项、官方机构层层审批后才能进行。此外，政府直接管理给筑波科技城提供庞大的资金支持，如 2004 年筑波科学城建设预算一度超过 2.5 万亿日元，并享有低息贷款等优惠政策。该模式的优点是能够为产业园的发展提供宽松的生长环境，但由于政府的干预较强，产业园的发展缺乏独立性，园区企业的成长会受到较多的限制。

2．大学和科研机构管理型

大学和科研机构管理型管理模式是指由大学和科研机构设立专门机构对产业园或孵化器型园区进行管理。它对大学和科研机构的规模、资金、研发能力等各方面要求较高，因而只有综合实力很强的大学和科研机构才有能力独立创办和管理。最典型的是英国剑桥科学园，它是剑桥大学圣三一学院和卡文迪许实验室于 20 世纪 70 年代创立的。剑桥科学园由圣三一学院领导，设两名专职人员进行管理，园区管理呈现民主化的特色。科学园为企业提供风险投资、中介服务等，全力扶持新创企业的发展。经过长期的发展，剑桥科学园已形成了高校研究机构、企业研发机构和技术咨询机构为三大创新主体的独特产学研合作网络，推动着剑桥高新技术产业集群的发展。这种管理模式由于政府没有直接参与，园区实行自主管理，发展的自由度、灵活度较大。但缺乏政府的参与和支持，产业园区的权威性、协调性较差，资金也难以保障。

3．公司管理型

公司管理型是指由各方组成的董事会领导、实行经理负责制的园区管理模式。通过设立非营利性公司来管理园区的经济活动，进行资源开发利用并为企业提供多方面的服务。该公司一般由政府、学校和科研机构、企业以及相关人士组成，对产业园区发展规划进行决策，一般较少干预各企业的具体业务运作，公司经理层对园区的日常经营业务进行管理。在这种管理模式下，产业园技能得到政府及相关部门的支持，又能受到各方的监督。该模式适用市场化发展的要求，能够推动产业园健康、有序地发展，避免管理体制的缺陷对产业园发展的阻碍，是产业园发展到一定阶段的产物，且公司制的运作模式要求产业园具备一定的资金、人才、体制才能持续运行下去。因而这种模式是产业园发展到成熟阶段的产物，如美国的孵化器、澳大利亚的科学园以及德国的创业者中心均采用这种公司管理型模式。

4．协作管理型

协作管理型模式又称基金管理型。它是由政府、大学和科研机构、企业、银行等机构共担义务，共同参与管理的综合管理模式。该类型产业园一般以资金管理为核心，带动行政管理及技术管理，构建权力、利益与风险挂钩机制，实现三者的有效统一。由于大学具有雄厚的科研能力、高校人才等资源，银行能够提供良好的融资环境，政府通过政策制定对其扶持，多方合作管制能够实现优势互补，促使产业园各功能的有效发挥。

美国北卡罗来纳三角研究园是该类型的典范，它由政府、企业和大学及研究机构三方成立基金会，并由各方代表 11 人组成理事会。基金会拥有园区的所有土地和基础设施，并负责园区日常事务的管理，对园内企业的内部事务无权干预。基金会向企业出租或出售园区土地，并负责向其征税（园区企业无须再向州政府纳税），通过以上途径所获得的资金将被基金会继续用于投资园区的各项设施进而完善服务体系。

7.1.3 中外环保产业园管理对比

由于发展阶段与国情的不同，各国或经济体所建立的产业园区有其各自相互区别或相似的管理模式与运行方式。

1．园区建设方式

环保产业园区的建设方式可以分为自上而下和自下而上两种（谭明智等，2014）。自上而下是由政府对园区进行规划设计并组织投建，后引进企业；自下而上则是园区建设由企业发动，而后形成上层管理。国外这两种建设形式均较为普遍。丹麦卡伦堡生态产业园是由园区企业形成自主共生体带动园区整体发展，德国莱比锡价值产业园是单一企业主导而形成的园区，这两个园区是企业自下而上带动园区建设发展的典型案例。法国、英国、芬兰、荷兰等欧洲国家则采取政府规划方式建设产业园，美国布朗斯维尔生态产业园与加拿大伯恩赛德生态产业园的建设就是依赖于政府或管理层的规定，是典型的自上而下的建设模式。

相比较而言，我国环保产业园区建设方式相对单一，属于自上而下的建设方式。由于我国大部分的环保产业园区是政府主导建设型，园区建设都是由政府事先对园区进行整体规划，设定好园区的发展方向，设计园区投建方案、企业引入标准等，然后由政府主导进行园区投建。

自上而下的建设方式由于是政府主导事先进行园区的顶层规划，在园区建设筹备期能较为全面地考虑各方面的利益，项目建设依托政府力量也可快速推进，但其弊端在于政府对市场的敏感性不够，园区的发展过于依赖政府，这就会导致园区的管理运行随市场调节能力较差。自下而上的建设推进方式市场敏感性较好，但由于企业以利益为导向，容易导致园区整体意识不够、某些价值不大的副产品或者废弃物积存。

2．管理主体

国外与我国环保产业园区的管理模式相近，大致都可以分为政府管理型、企业管理型、协作管理型（由政府、大学和科研机构、企业等机构共担义务，共同参与管理的综合管理模式）。不同的是，国外的管理模式相对丰富多样，各种管理模式百花齐放，而我国的园区多为政府管理型。

从管理主体上看，美国环保产业园的管理主体包括城市政府、城镇政府或它们的开发组织、地方经济发展公司、私人产业和其他的社会组织。园区具体管理上涉及物业管理者和社区管理者两个管理主体。管理实践中，物业管理者和社区管理者各司其职，物业管理公司优先关注园区投资者的利益，社区管理机构关注的则是整个社区的健康发展和各个成员单位的利益。为协调不同主体的利益，一些产业园在组织建设时，通过物业管理和社区管理机构互设代表来解决这些问题。物业管理者多为产业园的开发者，主要是保持产业园的商业绩效，保持园区的稳定以及园区对于进驻企业的吸引力，同时为社区和进驻企业提供一些具体的服务。社区管理者是维持社区企业的凝聚力，主要是沟通企业间的创新性项目，有效利用社区内企业的资源，降低社区内企业的成本等。

在欧盟各国，民间力量也逐渐成为产业园管理的主要力量之一，民间规划在园区管理中同样起重要作用。在民间规划中，政府、非政府公共部门以及科研部门不占主导地位，只承担间接管理、协调和咨询服务等职责。

日本的环保产业园在园区管理上形成了产学研一体化的模式，建设以地方自治体为主体，国家和地方政府共同辅助和管理，企业、研究机构、行政部门积极参与。日本产业园建设和管理主要由环境省（负责废弃物合理处理）和经产省（可回收资源的管理）共同负责，实行双重管理制（赵玲玲等，2007）。日本的产业园一般是由民间自主投资和自己经营，如藤泽生态产业园就是由 EBARA 公司独立投资和独立经营，废弃物交换都在 EBARA 公司下属企业之间进行，EBARA 公司管理全过程。

我国对环保产业园的管理多是以园区管理委员会的形式进行统一管理。园区管理委员会作为政府的派出机构，具有细化的部门、明确的职责分工和专职人员，统筹制定园区规划、管理条例，从土地财税政策、项目招商建设、人才引入多角度全方位地管理园区。部分园区开始尝试新的管理模式，管理委员会与大学等研究机构、企业形成合作伙伴关系，共同参与管理，如宜兴环科园和哈工大共同出资组建的“江苏哈宜环保研究院有限公司”是一个“政、产、学、研、用”新模式的实践。

通过对国内五大环保产业园的实地调研发现，除青岛城投国际环保产业园是企业作为管理主体，其他的园区均是由园区管理委员会为直接管理方式的政府主导型园区（表 7-2）。

表 7-2 我国典型环保产业园管理模式

环保产业园区	发展定位	主营技术	建设方式	管理主体
盐城环保科技城	“国际先进、国内一流”的产业园区	大气装备制造	自上而下	园区管理委员会
宜兴环保科技工业园	打造一个全域性的节能环保产业公园	水处理技术	自上而下	园区管理委员会
成都环保科技工业园	打造为全国一流的节能环保技术研发、装备制造及综合配套服务产业基地	节能环保产业	自上而下	园区管理委员会

环保产业园区	发展定位	主营技术	建设方式	管理主体
重庆环保科技产业园	集总部办公、科技研发、生产性服务、成套设备制造为一体的综合性环保产业园区	综合	自上而下	园区管理委员会
青岛城投国际环保产业园	打造一个全绿色、生态的生产、生活园区，成为一个样板式绿色生态空间	综合	自上而下	投资公司+第三方

总体来讲，国外环保产业园的管理主体多元化，且当地民众也通过派出代表的形式逐渐参与产业园管理。多元化的管理主体使得园区发展更具活力，可以协调好园区和当地社区的利益。我国以园区管委会为特色的管理模式虽然便于对园区的整体调控，但是园区活力较差，市场应对能力不足。

3．园区运营方式

外国园区的运行体系呈现多样化趋势。美国产业园区的运行主体为政府和私人部门，涵盖了当地政府或其开发组织、地方经济发展公司、私人产业和其他的社会组织，由开发商、负责企业代表、社区管理代表共同组成。由于所代表利益方不同，两类管理组织间也需相互协调合作，通常采用在对方机构互设代表的形式处理、协调二者在管理意见上的分歧。

加拿大生态工业园的典型代表伯恩赛德生态工业园的运作模式采取了产学研合作模式，由加拿大达尔胡西大学环境学院负责园区内部的生态效率中心的维护和管理，当地政府和园区企业负责提供融资支持，通过大学科研机构的科学有效管理，使企业形成完善的共生体。同样采用产学研合作模式的还有日本，日本的园区建设以地方自治体为主体，形成了其独特的由地方和中央政府共同辅助管理，企业、行政部门、研究机构积极参与的产学研一体化运行模式。

欧盟生态园区的具体事务则是由企业与居民组成的管理机构负责，开发者、融资方各司其职，政府进行环境监督和统筹，积极引导三方相互沟通合作，促进园区长期发展。

我国园区管理委员会是园区的直接管理机构，主要采取以园区管理委员会为主导的条块运行模式。管委会一般隶属园区所在市区的政府，具有浓厚的行政色彩，管委会各部门按职责分工，各部门有专职人员负责园区不同方面的管理运行，在园区运行中全方位地发挥作用，对园区内企业进行规范和约束。地方环保、规划部门对园区进行监督管理与指导，地方政府对产业园区的发展进行资金的支持和补贴政策。

我国一些环保产业园尝试与大学等科研机构、建设投资有限公司合作，替代管理委员会来负责园区的招商引资与商业规划，管委会仍对园区整体发展进行宏观把控。在分工上，环保产业园由政府投资建设，是产业园的产权所有者，政府与管理机构以股份或费用支付的方式委托管理，政府的相关计划或经济指标委托园区建设投资有限公司完成，实现专业化招商、高效服务运营。

与国外相同的是，我国环保产业园区的运营同样融入企业、大学等研究机构，但他们大多起到辅助协作作用，园区管委会是主要运行管理者，企业对政府依赖性强。我国的运行体制尚不如国外多元化，并且社区公众尚未参与到园区的管理运行中。国外多样化的运行体制使得园区内政府、企业、研究机构不存在强烈的相互依赖关系，彼此独立平等，企业在市场刺激下，以利益为导向，各管理方通过灵活的合作方式建立共生体。

4．政府、企业、公众在管理中的角色与地位

（1）政府角色

在国外，像美国、欧盟、日本的政府部门主要进行宏观上的管理和统筹规划（闫二旺等，2015）。美国政府在园区管理上主要起引导作用，对产业园具体工作的管理最少，园区管理工作主要由开发者与社区管理者所承担，且二者并不隶属美国政府。

与美国相似的是，欧盟各国政府在园区管理中也不占据主导地位。若园区是由政府筹建则政府在园区中发挥作用较大，若园区是企业自发形成则政府仅承担间接管理、协调等职责，并不直接参与管理。

日本的园区管理采用以地方自治体为主的政产研一体化的方式。政府组织编制发展规划，进行财税补贴，渗透和辅助管理园区各方面。

我国政府在产业园区的管理中占主导地位，既要发挥宏观统筹作用，又要直接管理园区内具体事务。既要在建设方面提出详尽的计划和前期准备工作，又作为政府机构直接参与园区日常管理，对园区内企业进行命令性或计划性的管控，使本应该成为主体的企业处于被动管理地位。

管理委员会在协调企业利益与社区利益方面能力有限，并不能监督企业生产的全部环节，造成许多园区内企业在资源投入、污染排放方面有所隐瞒，而对企业运营真实情况了解的局限性又导致管理失控，并进而影响政策措施等方案的选择，容易形成循环经济的系统性问题。直接管理方式也会导致园区内市场反应不够灵敏，规划成本居高不下，园区内外利益不能有效协调兼顾等问题。

综上所述，发达国家政府对环保产业园的管理多是间接的，发挥辅助与协调的作用。除在建设与筹备阶段负责园区的规划与财税补贴外，并不直接参与产业园区的具体管理事务。政府通过政策引导与支持规划园区的发展方向与规划，并以第三方的身份协调园区内企业间以及管理机构间的矛盾。与国外不同的是，我国政府在产业园区中的管理作用大多是直接的，政府既发挥统筹监管的作用，又直接参与园区的管理事务。

（2）企业作用与意识

国外环保园区内企业直接参与园区实际管理，参与度高，充分发挥了企业的主观能

动性，将自身发展与园区整体发展相关联。企业具有较强的园区主人翁意识，进一步促进了园区的整体协同发展与企业自身发展相协调。同时，园区内企业的环保意识较强，卡伦堡生态产业园就是由于企业环保意识的提高，意识到可以通过物质和能源交换实现循环经济，达到共生共赢的效果，从而形成了共生体实现最大化。

由于我国多以园区管理委员会的形式对园区进行直接管理，企业属于被管理方，在园区的实际管理中参与度较低，发挥作用有限，其产业发展多是服从园区管理委员会的决策，主人翁意识较低，其发展对政策依赖性较强。同时，园区内企业只是聚集到一定的空间内，它们之间的联系较少，企业之间“共生共赢”意识较低。

（3）公众参与程度

欧盟各国居民的环保意识高，积极投身到产业园的建设和管理中，当地居民会通过派出代表的方式逐渐参与产业园建设与管理。而我国很少有社区代表或公众参与到园区的建设管理中，当地居民也并没有意识要参与到园区的运行管理，公众参与度很低，园区好像独立于公众之外。

通过对国内外环保产业园管理特点的梳理总结（表 7-3），可以看出，国外环保产业园呈现多元化的管理模式，这样的管理方式使得园区管理灵活度高，有利于协调好园区和当地社区、企业与企业之间的利益，园区发展更具活力。

表 7-3　国内外环保产业园管理异同点比较

类别	相同	不同	
		国外	国内
建设方式	—	自上而下+自下而上	自上而下
管理模式	可分为政府管理型、企业管理型、协作管理型	多模式、多样化	以政府管理型为主，兼有少数企业管理型、协作管理型
管理主体	政府、企业、大学等科研机构共同参与	政府、企业、大学、民间组织、社区相互独立，共同协作，实际参与园区管理	政府主导，通过园区管理委员会管理
运营模式	均有政府运行、企业运营、产学研一体化运行	多元化运行方式，各管理方相互独立，通过灵活的合作方式建立共生体	园区管理委员会各部门按照职责分工直接管理
政府角色	均发挥宏观管理、统筹规划作用	大多是间接的，辅助性与协调性的	既宏观把控，又直接参与管理
企业作用	均参与园区管理	企业直接参与园区实际管理，企业主人翁意识和主观能动性强，决定园区整体发展	多为被管理方，发挥作用有限，其发展多服从园区管理委员会决策
企业管理意识	—	较强	较弱
公众参与度	—	较高	较低

全球大多数国家实行市场经济，企业与政府之间不存在隶属关系，有自主经营权和决策权。我国以园区管委会为特色的管理模式虽然便于对园区的整体调控，但是园区活力较差，市场应对能力不足。国外丰富多样的园区自主管理机构和先进的管理经验使得国外产业园区的循环经济活动更为灵活、多样化，富有创造力。政府为产业园区发展大前景与整体规划把关，园区内企业在自身的基础上组成委员会等形式参与管理充分发挥了主观能动性，将自身发展与园区整体发展相关联，提升了企业的园区主人翁意识，进一步促进了园区的整体协同发展与企业自身发展相协调。与此同时，研究机构的辅助作用为产业园区的发展提供了坚实的理论基础与创新可能，通过促进研究机构的成果转化，使园区内企业获得先进的生产力和管理模式。

多样化的自主管理机构和弹性的管理模式促进了园区的和谐稳定发展，从而避免了因过度依赖行政指导而降低市场灵敏度或滞后于市场变化的问题，也弥补了因缺乏有效的宏观调控而陷入管理误区或自身利益与整体园区、社会利益相脱节的市场失灵现象。我国环保产业园正在逐步实现由行政运行机制向市场机制转变。

7.2　我国环保产业园管理存在的问题及影响因素

7.2.1　存在的问题

1. 园区管理政策执行效率较低，缺乏差异性管理

虽然我国近年来部分地区出台了部分配套政策，推进环保产业集聚区的建设，但是绝大部分政策停留在理论和原则层面，可操作性不强，园区管理工作和企业具体发展缺乏有效指导。同时，我国政府对产业园区的前期筹划普遍重视，对园区的功能定位、规划布局、地面交通、管道输送、信息交流等方面都考虑周到，却疏于对园区投入使用后的监督管理和信息反馈，政策后续执行力度不够，使得园区的规划及相应政策不能进行适时调整和更新，运营效率不能达到预期目标。

全国各环保产业园区大相径庭，园区内企业呈现较高的同质化，导致园区特色不明。一方面，园区的管理没有根据地方优势打造园区自己的特色，另一方面，园区在对不同类型、行业企业的管理上并没有进行有针对性的差异性管理。

目前我国产业园的优惠主要是税收优惠、进出口优惠、信贷优惠等。但许多地方的优惠政策未能针对当地环保产业园的特征，相当部分内容与外商投资政策相类似，如在产品出口权限、企业经营销售人员出国简化手续等方面的规定几乎相同，这种做法不能体现对环保高新技术和产品的高风险、高投入、高收益的具体优惠，优惠政策缺乏特殊性和针对性，削弱了政策功能。

2．园区管理机构臃肿，管委会管理权限受限

一方面，一些产业园为了与上级有关部门对口、衔接，管委会相继设立了妇联、团委、计生委等机构，或者为“加强”对产业园的管理，增设机构，增设人员，造成机构臃肿，严重影响行政管理效能。

另一方面，管委会作为当地政府的派出机构，应当拥有所在市的市级管理权，但在实际运作中，市直有关部门将一些必要的行政管理权限，特别是规划、建设、土地、工商等方面的权力没有真正下放。这种机构设置造成管理上的双重矛盾，难以建立起统一、高效的运行机制，使管委会对产业发展、基础设施建设等重大决策的权力难以真正落实，致使园区管委会的决策受制于所在地方其他有关部门和政策条文的制约，有时甚至出现矛盾和扯皮的现象。

在调研中，环保产业园区管理者普遍认为目前园区项目审批流程较长，一个重要项目的审批通常要经过长达两三个月的各种审批手续，最后才能项目落地实施。过长的审批流程和审批时间不利于项目引入，严重影响新企业和新项目的入住与实施，不利于园区的整体发展。

此外，调研发现，有园区管委会的管理者认为，在日常的工作中，管委会是政府派出机构，但却逐渐与一级行政区“趋同”，园区需要应对政府各个部门的各种事务，承担了下一级政府的诸多职责，使得园区管理者的精力分散于分担政府职能，而不能集中精力在园区的发展上。

3．市场应变能力差，中介机构服务职能弱

政府的干预使企业投资项目的计划和审批取代了企业根据市场价格信号所做的决策，企业生产不是根据市场需求而是根据计划指标来进行，资源的配置也不能根据市场的需求来合理地分配，这样企业失去了发展的内在动力，从而使环保产业园失去了吸引外来投资的优势。

在我国的产业园或者高新区中，中介机构严重缺乏，其深层的原因在于长期以来我国政府扮演“核心”的角色，把一切事务包括中介服务都揽在自己身上，致使中介机构要么尚未建立，要么很不健全。中介服务体系的职能没有得到充分的发挥，他们在产业发展、企业管理、投融资服务、社会服务等方面的积极作用没有得到充分发挥。

4．管理人才匮乏，用人机制不健全

由于大多数产业园的行政工作人员是上级直接委任或通过各局抽调的方式组建，定编定级，人员很难流动，有效的岗位竞争机制和分配激励机制尚未形成。这种状况长久下去，导致一些工作人员安于现状，不思进取，创新意识和改革意识减弱，不能够适应新形势，研究新情况，解决新问题，致使原有的体制优势不断弱化。同时，高素质的人才缺乏，尤其缺乏创新意识和创新能力很强的一流人才。

7.2.2 影响因素

1．园区建园形式

我国的环保产业园一般可以分为独立的园区和与其他类型园区混为一起（园中园）两种形式，不同的园区形式，管理部门在管理职能上存在一定的差异。

独立的环保产业园区其功能定位主要是吸引环保产业投资、进行环保产业和技术经济开发、改变单一的环保产业经济增长方式、增强环保技术的研发实力和产品品牌核心实力。它们一般采取准政府体制，管委会具有相对独立的管理权限，具有自主权，并以园区产业经济开发管理职能为主。

和其他类型产业园（如高新技术开发区）混为一体的环保产业园区，这种模式通常是为了利用现有的基础设施，在这种情况下，环保产业园往往是要服从整个工业园区的产业定位和职能安排，其职能主要是提供服务和落实政策。

2．管理主体

园区管理主体是影响园区管理的重要因素之一。政府为管理主体的环保产业园区，其管理机构的设置更偏向于政府职能，往往机构清晰、细化。在园区的实际运行管理中心更注重国家、地方政策的解读与落实，对园区内企业的管理更偏向于条块式的行政管理。

以企业为管理主体的园区则更注重市场的变化，技术的引进与更新，园区产业利润的提升，在管理上会根据市场效应调整园区管理政策，市场应变能力和灵活性强。高校、科研机构的加入会加大园区管理层对技术研发与孵化方面的关注与力量。通常管理主体中包含科研机构的，园区管理政策会更向科技研发进行倾斜。以企业、科研机构为管理主体的园区，其整体运行更市场化、灵活化。因此，园区的管理主体的多元化是影响园区管理的重要因素之一。

3．经济体制改革程度

环保产业园的管理体制还与地区的经济体制改革程度有关。一般而言，行政地区的管理体制与市场经济接轨程度越高，政府的意识就越开明，机构层次就越少，政府的审批权限就越简单，环保产业园管理机构的政府职能就越弱化，他们的职能就更多的偏向服务和引导。

在这种情况下，环保产业园或者基地一般会采用多元化管理主体，政府、企业、高校共建共管，共担风险，政府只提供审批和中介、维持园区的治安和征税等服务。通常来说，经济体制改革程度越高，市场经济越活跃，园区管理形式越丰富化、灵活化。

7.3 环保产业园管理创新与政策建议

7.3.1 加强机制体制建设

1．国家出台园区管理指导性规范

环境保护具有投入较大、社会效益往往大于经济效益的特性，决定了环保产业的发展对政策的依赖性较强。环保行业的发展速度与国家制定的环保标准以及政策执行的力度密切相关，环保产业园作为环保产业集聚发展的主要形式，国家层面缺乏环保产业园建设管理相关政策文件。地方环保产业园管理无章可循、秩序混乱，导致各地区环保产业园类型趋同、产业同构现象普遍存在，严重影响了产业园区应有功能的发挥。

国家层面可制定环保产业园的建设指导意见、管理办法以及建设评价指标体系，适时起草出台《关于加强国家环保产业园区建设的指导意见》《国家环保产业园区管理办法》《国家环保产业园区建设评价指标体系》，明确环保产业园的总体规划原则和建设纲要、建设目标、评价指标体系，对环保产业园的建设给予指导。在国家政策尚未建立的情况下，地方政府管理部门应指导园区管理部门联合地方协会、有典型的代表性的园区探索起草《环保产业园区建设评价指标体系》团体标准，为先行先试，自评自建的园区提供可量化、可评估、可考核的科学系统的建设标杆依据。

《关于加强国家环保产业园区建设的指导意见》包括建设的重要意义、总体要求、重点任务、制度和政策体系以及配套保障措施。总体要求包括指导思想、基本原则、发展目标；发展的制度和政策体系包括环境政策、商务政策、科技扶持政策、标准体系和管理制度、绩效评估和动态核查制度等；配套保障措施包括组织领导、资金支持、宣传推广等。

《国家环保产业园区管理办法》规定了国家环保产业园创建园区的申报、验收和管理，以及国家环保产业园建设绩效评估规则。《国家环保产业园区建设评价指标体系》旨在以评价工作为指引、手段和抓手，明确环保产业园区工作方向，提升区域环保产业发展水平，促进代表性环保产业园建设经验共享和推广。评价指标分为客观指标、主观指标及自选指标。国家层面政策管理体系的建立，旨在以点带面，以评促建，树立标杆，引导方向，打造一批代表国家水平的、有创新引领作用的试点示范，选取一批有代表性的优秀案例，加强经验的复制推广。

2．精简机构，简政放权

按照精简高效的原则，推行政企分开、政资分开。要加强对园区与本区域内的行政区的统筹协调，减少向园区派驻的部门，依据行政区划管理有关规定确定园区管理机构管辖范围，充分依托所在地人民政府开展社会管理、公共服务和市场监管。

已建成环保产业园区进一步整合归并园区内设机构，以抓好产业发展、经济管理和投资服务，培育新兴产业和高技术高成长性企业为重点任务，环保产业园管委会要努力转变角色，务实做好企业服务工作。

园区管理机构是管理园区企业的直接机构，其工作效率直接决定着招商、企业发展的效率。深入推进“放管服”改革，各级各有关部门要进一步简政放权，能下放的经济管理权限，要依法有序向园区下放。制定发布园区权利清单、责任清单、产业项目准入标准。支持园区开展投资项目报建审批区域性统一评价和承诺审批制试点。对于园区内企业投资经营过程中需要当地人民政府有关部门逐级转报的审批事项，探索取消预审环节，简化申报程序，可由园区管理机构直接向审批部门转报。

对于具有公共属性的审批事项，探索由园区内企业分别申报调整为以园区为单位进行整体申报或转报。加快推进“互联网+政务服务”，采用统一窗口受理、网上部门并联审批、限时办结等方式，提升服务效能。对入园项目审批涉及的国土资源、发展改革等评估事宜，整合为共同委托第三方评估，避免多头评估、多头审查。

3. 创新探索新型管理模式，多元化管理主体

园区管理运行模式与市场契合度高低决定运行效率是否高效，园区管理运行模式既要充分保证国家和地方的管理部门的政策法规贯彻实施，又能适应市场发展机遇。园区可根据自身的区位、产业优势和发展定位等综合因素创新管理模式进行差异化管理。

①“管委会+公司”模式。“管委会+公司”的组织结构运行模式效果较好，如华夏幸福产业园区政企合一的管理模式。这种模式在运行中已经过实践检验，可以因地制宜推广复制。这种模式可在组织结构中尽量压减层级，精简机构，按照市场需求的对应职能整合机构设置和权责事项。“管委会+公司”发展模式是实现政企分开市场化运作的有效途径，将原来由管委会独自承担的职能，改为由管委会和产业投资公司共同承担，强化管委会园区规划、监管和服务功能，依托公司搞活土地开发、融资管理、基础建设和招商引资工作。转变园区管委会职能，侧重宏观调控、规划引导、监管服务等职能，将社会治理职能多与街道衔接，将微观经济管理职能多与产业投资公司对接；组建产业投资公司，鼓励多种所有制形式投资和开发运营，建立以资本为导向的市场化园区开发模式。

② 产学研合作模式。可参考加拿大生态工业园的产学研合作模式，由管委会和大学、科研机构成立管理中心，借助大学、科研机构的力量，通过大学科研机构的科学有效管理，增强园区技术研发与科技成果转化的能力。随着产业园的发展，政府的支持和干预力度逐渐调整。在产业园发展的成熟阶段，政府可以逐渐从管理、决策等向协调、引导职能转变，从而促使产业园的发展更贴合市场经济，建立以市场为导向的运行机制。

③ 托管共建模式。园区的管理可以考虑托管共建的模式。环保产业园区被托管园区

与先进的园区通过行政命令、商业委托、股份合作等形式，形成援建、托管、股份合作、异地生产统一经营等多种建设模式（表 7-4）。

表 7-4 环保产业园区托管共建模式

序号	托管模式	形式内容
1	援建模式	即依靠行政命令，由被托管园区一块园区与先进园区共建，先进园区提供资金、人才、管理经验等，协助谋划园区规划，总揽招商引资，参与园区管理
2	托管模式	委托方在开发区内划出一块园区，托管给具有管理、资金和产业基础优势的受托方，全权委托其操作，包括园区定位、产业选择、招商引资、基础设施建设等，甚至承担一定的社会管理责任；受托方获得园区前期开发所有收益，后期收益按比例分享
3	股份合作模式	在现有开发区中设立共建园，交由双方成立的合资股份公司管理，由其负责园区规划、投资开发、招商引资和经营管理等，收益按双方股本比例分成。这一模式适合具有较强园区开发经验的发达地区的政府或园区间开展合作
4	异地生产、统一经营模式	采取“总部经济、异地生产、统一经营”的方式。企业独立承担土地费用、基建成本，独立进行建设、生产。两地共同组成园区管委会，统一负责园区的建设管理，共同开展对企业的服务，并按协议实现利益共享

4．创新综合考评机制

建立完整的报送考评机制，园区自身要重视评价指标体系的建立和统计工作，积极参与评价指标体系的制定完善工作，进一步完善园区综合评价办法，综合评价主要指标任务完成情况纳入政府绩效评估。考核结果与土地使用指标、项目资金支持以及干部任用等奖惩措施挂钩。完善实施退出机制，对于有圈占土地、招商引资困难、环保产业发展缓慢的园区应核减园区核准面积或予以降级、撤销（或申请撤销）。

国家相关科研院所及产业协会应深入调研全国环保产业园区建设及发展现状，分类建立不同模式园区的建设准入标准，构建科学合理的园区绩效评价指标体系，在此基础上形成国家层面的园区推动政策标准体系。地方政府应充分发挥其引领带头作用，细化完善相关资金、土地及人才引进等园区建设的配套政策，确保可操作、能落地，引导社会资本投资节能环保产业入驻产业园。地方政府应根据国家制定的标准及评价体系定期对园区绩效实施监督和第三方评估，制定必要的奖惩机制，推动园区优质发展。

7.3.2 创新人才支撑平台

园区管委会与国家或地方人才管理部门合作，共建园区人才服务中心，加强园区人才的引入。园区可与国内著名高校合作，建立产学研对接，鼓励在园区中建立高校、科研院所等分校区及实验基地和博士后工作站等，把学校的技术、人才、科研成果与当地的产业优势有机结合。修订完善促进海内外高层次人才引进、科技创新、鼓励引进研发机构的政策性意见与办法，给不同人才具有竞争力的相应资助与扶持。

一方面，园区要通过人才引入，建立有效的用人机制，引入高素质、经验丰富的管理人才，为园区管理团队增添新的血液，提高园区管理效率。另一方面，要通过高技能人才引进，建设与主导产业相关的专业研究平台，可以积极吸引国内外高端科技人才入住，提升园区的技术研发能力。园区要瞄准园区内环保产业的核心技术与关键产品方面的人才引入，取得突破性进展，推动园区整体产业链和创新链向高端发展，保障园区的长期稳定发展。

7.3.3　建立全新的金融支撑平台

在园区建设过程中，应通过环保产业投资基金、股权投资基金、环境专业投行服务等搭建金融支撑平台，鼓励环保绿色企业投资双创产业和绿色发展，支持符合条件的企业发行“双创”公司债券、绿色公司债券等金融创新产品，债券的发放权力直接下放到企业。另外，园区还可以采取特许经营、公私合营等方式进行项目融资，为园区建设提供资金来源。

充分借助《关于大力推进大众创业万众创新若干政策措施的意见》的为创业“清障”的政策优势，利用好环保产业保护知识产权、融资支持等多项鼓励政策，降低创新创业成本，实现创新成果的快速转化。

成立双创示范基地优先支持申报产业创新中心等创新创业支撑平台建设，在中央预算内投资安排方面予以重点倾斜；对区域内符合条件的创新创业重大项目，优先推介与国家新兴产业创业投资引导基金、国家中小企业发展基金等对接。

7.3.4　鼓励产业孵化，加强技术转化

环保产业园区不仅是环保技术的聚集区，也是环保技术的孵化基地，环保技术可以通过园区进行转化和推广。推进企业提升自主创新能力，加大企业研发人员引进力度，优先鼓励支持企业牵头或参与申报节能环保类国家重点研发计划或科技支撑项目，针对园区主导产业建立相应园区孵化基地和产学研中心，引导企业及时将研究成果推广应用并市场化。

通过国际技术交流等途径，吸纳和引进全球大量顶尖研发团队。“产业孵化与股权投资”双轮驱动、“科技+金融+产业+人才”融合发展科技孵化金融创新机制，为环保科技创新公司“清障”、降低创业成本，创新企业孵化模式，金融孵化的最终目的是实现创新成果转化和产业化，完善成果转化和产业化相关服务业引进构建，实现金融孵化成果转化产业化和现代服务业集聚发展。

7.3.5 建立公共服务平台和信息共享平台

建立完成高效便捷的公共服务平台，从项目引进到正式运营，建立一套高效快捷的运行机制，全过程地跟踪服务，真正实施招商项目“一站式”办公室和“一条龙”服务。建立完成园区数字化信息平台，建立园区门户网站，强化集聚区形象宣传，发布产业规划、最新产业动态、推介区内投资环境、产业招商和促进政策。构建园区层面和区域层面的信息共享平台，便于企业了解上下游行业资源状况，以便在更大的范围内进行原材料、产品等的交易。

园区管理层面组织构建智慧环保治理信息云平台，平台集成周边动脉产业环保市场需求信息、供需对接、环保监管、环保资讯、环保技术、环保评估、环保产品全面支撑政府环保治理、废物处置供应、环保评估鉴定，建立由环保医院和环保产业园协同运营的智慧环保治理模式，将环保产业的需求方、供给方、监管方、服务方通过线上大数据信息云平台与线下专业化运营进行结合，建设 “线上线下结合”的智慧环保治理平台，全面服务本区域环保事业。

与环保产业协会等组织建立交流渠道，并针对重点人才、项目和企业进行重点攻关，形成交流和合作的转变，为园区招商提供项目和企业线索。积极组织并鼓励园区企业参与国内外环境高端会议，针对园区主题和特色实施一系列有针对性的宣传。同时，可通过举办综合性产业大会宣传园区企业，打响园区品牌。

7.3.6 设立技术和产品展示和交易平台

借助“物联网”信息时代，全面展示园区的先进装备和产品，为产业搭建技术、产品的展示、应用、交流和推广平台。建设环保产业技术交易、环境保护产品交易中心等交易机构，如建设环保超市、环保医院综合方案展示。可参考宜兴环保产业园区的环保技术交易平台，通过互联网的形式成立环保电商，在网页平台上，环保装备像商品一样进行展出。点击进入商品后，每一个产品的标价、性能参数等都一目了然，可直接下单订货，就像在淘宝买东西一样方便。通过中心系统每天对累计成交量、访问排名进行统计，时刻动态监控设备市场状况。

第 8 章　环保产业园国际化发展路径

8.1　国内外环保产业园发展现状

8.1.1　日本北九州生态工业园

（1）发展背景

北九州市由门司、小仓、户畑、八幡、若松 5 个小城市于 1963 年合并组建而成，位于日本九州地区的最北端，故称北九州。北九州市是日本北九州工业带的核心区域，也是日本近代工业的重要发源地，其钢铁制造业、海洋运输业和机械制造业在国家经济中占有举足轻重的地位。而北九州在 20 世纪 60 年代曾面临严重的环境污染问题，有“死海”之称的洞海湾和城市上空笼罩的“七色烟雾”是北九州以牺牲环境换取经济快速增长的真实写照。环境污染带来的公害让北九州市的政府、企业与普通市民都意识到环境污染的危害性与环境保护的重要性。

日本政府通过建设生态工业园区，充分利用动脉产业类工业企业集聚的先进生产技术来解决污染和废物处理问题，实现环保与工业的有机结合，有效改善环境质量。

（2）发展概况

1997 年，北九州市获得批准成立了第一个发展生态工业园。北九州生态工业园的定位是要成为“亚洲国际资源循环和环境工业基地城市”。1997—2002 年是第一阶段，目的是通过静脉产业汇集达到工业和环境保护共同结合发展；2002 年开始进入第二阶段，目的是建立新型环境产业，从而拓宽实验研究的范围、强化能力建设、吸引在废物利用和再制造方面有优势的企业进入园区、开拓新能源技术和纳米技术等（Meiji et al.，2004）。

北九州生态工业园区由 4 个功能区组成，分别是中心区、环保研发中心、环保企业聚集区和响滩再生利用区，具体战略见图 8-1。

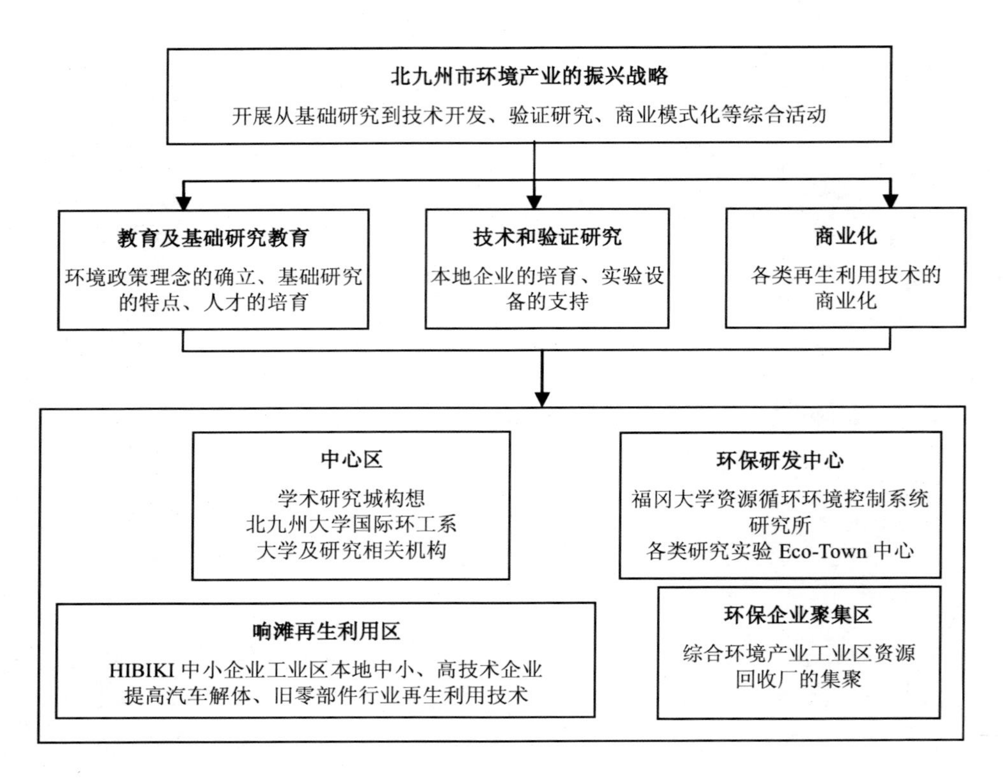

图 8-1　北九州市环境产业振兴战略

中心区主要用来开展环境教育，举办讲座等，成为环境教育的基地。环保研发中心是供企业、大学和政府进行先进废弃物处理技术、环境污染物治理和再生利用技术等实验研究的基地。环保企业聚集区主要用来发展环保产业化项目，是园区资源循环基地，实现园区内零排放企业联合产业化。响滩再生利用区是通过将由市政府开辟出来的专用土地，采用长期出租给中小型企业的形式，扶持其在环保领域的发展，主要是新技术开发区和汽车再生区。新技术开发区内有有机溶剂和清洗剂再生项目、食用油和塑料油再生项目等。

北九州市不仅使得市内自然环境得以改善，也使得环保技术创新和产业发展，成为北九州区域经济发展中的新增长点。

（3）发展模式

日本北九州生态工业园的典型特点主要有两点。一是政府引导与公众参与，政府作为主体进行园区发展方向的把控，并进行主要规划；通过与相关者共享信息，加深群众对生态工业园的理解，有利于制定风险管理与风险评价方法。二是产学研在园区内的有机结合，科研、教育和生产不同社会分工在功能与资源优势上进行协同与集成，成为园区各主要产业发展进步的创新源泉，同时也为园区国际化发展提供有力支撑。

从发展模式上来说，北九州市的环境产业发展既有政府的政策推动和制度供给，也有民众和企业的责任担当，组成了一个系统工程，主要集中在以下4个方面：

① 政府及政策方面。国家制定了一系列法律法规，奠定了环境产业治理的基础，国家对加入园区的企业给予财政补贴，鼓励企业环保创新。

② 科研及学术研究方面。从事环保技术创新研究和人才培养的科研机构和高等院校汇集在北九州市，包括九州研究所、九州工业大学研究生院生命体工学研究科、早稻田大学研究生院信息生产系统研究科、福冈县再利用综合研究中心等。经过多年技术研究和积累，为北九州环保产业的发展提供了强大的力量。

③ 企业开发方面。积极推进再利用产业和资源回收产业的发展，推进以环境产业技术开发和发展、实现循环型社会为主要内容的产业园和生态城建设。逐渐使传统工业中产生的废弃物变为具有高附加值的原料。

④ 民众方面。北九州市政府编制了教育辅导读本，供给幼儿园到大学的不同时期，逐步培养公众养成良好的环保意识和环保素养，增强公众的环保观念。

（4）经验与启示

日本北九州生态工业园从未停止过开展国际合作与交流的步伐。园区通过接受国外研修员、外派专家，召开国际环境会议，建设国际合作项目，与国际机构合作及拓展城市网络等方法，向外输送园区先进的发展经验，为其他国家创建循环经济提供大力支持，并借此机会在技术、政策、运营模式等方面获取需要的信息，提升园区整体国际化能力。具体经验如下：

① 建立国际合作机构，开展技术转移和人才培养工作。北九州工业区的国际化发展战略之一就是将其积累的工业环保技术向其他国家（尤其是发展中国家）转移。它与国际合作机构（JICA）、北九州国际技术合作协会（KITA）联手，截至2014年年末，已为150个国家（以发展中国家为主）培养了8 000多位专业人员，并将170多名日本专家派往世界各地。

② 提供学习、技术交流的平台，促进国际合作达成。北九州生态工业园区每年接待数量巨大的参观考察人员。来园区参观的中小学生和海外人员年总计约8万人次，截至2011年10月，参观人数突破100万人次，园区作为环境学习场所被充分利用。仅以中国来说，据调研，中国生态修复网至今已组织六期赴日本北九州生态工业园的考察团，进行技术交流与洽谈合作，为中国环保人才的培育和园区建设发展提供参考。

③ 政府间建立长久合作关系，建立信息共享机制。北九州市政府在北九州生态工业园运行中的成功经验，促进北九州市乃至日本的环保产业发展，吸引了国际上正处于园区发展初级阶段的发展中国家的注意，通过建立合作关系，日本的先进经验和技术输出到各国，同时可为占领国外环保产业市场奠定基础，而发展中国家学习其园区运行经验、

环保先进技术等，双方实现互利共赢。例如，2012 年山东省环境保护厅与日本九州生态工业园签订了《关于加强环保产业交流合作的具体行动计划》，进一步推进双方环保交流与产业合作；跟友好城市——大连市进行交流与合作，特别是大连市环境保护整体规划制定过程中，北九州市提供了很多的信息。

8.1.2 中韩西安国际环保科技产业园

（1）发展背景

西安高新区环保产业园是国家环境保护总局 2001 年 11 月批准建设的国家级环保产业园，也是中西部地区第一个国家级生态工业园区和 ISO 14000 示范园区。为了抢抓环保产业的发展机遇，2012 年 2 月，西安高新区按照“专业化聚集、集群化推进、园区化承载”的发展思路，规划建设了 5 km^2 环保产业园。西安高新区积极寻求和国际先进环保产业园区建设国家的合作。

2014 年 6 月，西安高新区紧抓中韩两国战略性合作契机和三星项目落户后西安面临的新一轮发展机遇，向环保部提出申请，希望利用韩国企业在环保技术和产业方面的发展优势，利用我国庞大的市场优势和西安“一带一路”桥头堡的区位优势，以及三星项目落户后对环保配套的需求优势，在西安高新区建设中韩国际环保产业园。

（2）发展概况

中韩西安国际环保产业园按照合作共建、优势互补、互利互惠、协同发展的原则，吸引一批韩国节能环保、新能源、新材料、高端研发、先进制造和现代服务业企业落户，促成一批韩国先进环保技术产业化，使中韩西安环保产业园成为“立足西安、辐射全国、国内一流、国际知名”的高端环保产业聚集区、国际环保技术创新源，力争将西安打造为“一带一路”环保产业创新之都和中韩两国经贸合作新高地。

在建立的初始阶段，为了解决三星项目的环保配套要求，高新区投资 3 亿元组建了高科环保公司，引进韩国和日本的设备技术，已经成为我国西部地区规模最大、技术最领先的工业固废及有机溶剂回收再生公司；艾贝尔公司引进比利时的技术和人才，已经成为国内领先的管道检测和有机气体检测服务提供商；紫云环保公司的水处理设备已经出口到尼泊尔，成为我国对外援助的重要环保设备提供商，并正在与哈萨克斯坦洽谈合作；金禹科技公司与德国公司联合开发的液体处理器，成为绿色环保、世界领先的抗干扰水处理器。此外，还有 50 多家企业参与到“一带一路”沿线国家的环保治理和国际合作项目。

中韩西安国际环保产业园及相应的创新示范基地已完成建设，一期规划 120 亩，投资 3.5 亿元，建筑面积约 12 万 m^2，为“环保技术国际智慧平台”的产业化项目和韩国中小环保类企业量身定制标准厂房，并提供一流的孵化服务。“十三五”期间有望形成 1 000 亿元的产业规模，促进了西安环保产业的飞速发展。2014 年 10 月，西安高新区与韩国中小企业厅、韩国中小企业振兴公团、大韩贸易振兴公社、韩国西安总领馆、陕西省商务厅共同策划举办了首届中韩节能环保产业国际合作论坛和经贸洽谈会，37 家韩国企业与 120 多家国内企业对接洽谈，达成合作意向 20 多项。在生态工业、环境友好型产品、循环经济、环保服务业领域，园区聚集了 400 多家环保企业，2015 年环保产业产值有望突破 350 亿元，同比增长 30%以上；“十三五”末有望形成 1 000 亿元的产业规模。

（3）发展模式

中韩西安国际环保科技产业园以现有的西安国家环保科技产业园为基础，中韩两国政府合作共建的国际环保科技产业园，利用韩国企业在环保技术和产业方面的发展优势，利用中国庞大的环保产业市场，吸引韩国节能环保、新能源、新材料等领域企业来西安投资，并引进韩国先进的环保技术，形成优势互补、合作共建、协同发展、示范园区互利互惠的国际合作环保科技产业园。该产业园的发展模式主要为全新规划型和虚拟型。在产业园内促进一批韩国环保技术的产业化，为孵化空间保障、技术交易、市场开拓推广等提供全方位服务，实现中韩双方的有效交流互通。

（4）经验与启示

① 市场吸引，配备完善的保障机制，吸引韩国企业入驻。西安高新区投资建设园区，西安的快速发展拥有广阔的环保市场，吸引了韩国环保企业入驻，同时高新区政府制定了完善的保障机制，韩国企业入驻后，将为项目前期审批开辟绿色通道，并在基础设施配套、孵化空间保障、技术交易服务、知识产权保护、产业资金引导、市场开拓推广、子女入学教育等方面提供全方位服务。吸引了韩国节能环保、新能源、新材料等领域企业落户，促成一批韩国环保技术产业化。目前已有 60 多家韩资配套企业相继落户，一大批韩籍人士也前来从事商贸和餐饮服务，高新区内已形成一条“韩风”浓郁的餐饮商贸街，并成为韩企投资的一个热点区域。高新区提供的数字显示，2018 年在西安的韩国人已由原来的 1 000 人左右增加到 5 000 多人。

② 提供交流宣传平台，促进技术融合。中韩西安国际环保科技产业园内建设了西安国际环保展示中心，为中韩乃至其他各国与园区内企业合作交流提供平台，承办的如西安国际环保产业合作高峰论坛、陕西省环保产业项目合作供需对接会等，已促成的合作对象包括中国石油、光大国际、陕西燃气集团有限公司、大唐陕西发电有限公司、浙江省环境工程有限公司等。为入驻企业开发新的市场，同时吸引环保企业为西安高新区注入新的活力。

8.1.3　中以国际科技合作产业园

（1）发展背景

“中以国际科技合作产业园”由国家发展改革委、科技部、以色列经济部（原工贸部）、广东省人民政府和东莞市人民政府共推共建，由广东中以水处理环境科技创新园有限公司负责具体筹建与运营，是以色列授权在中国筹建的，也是目前中国唯一一个以水为主题的国际科技合作园。

园区所在的松山湖高新技术产业开发区，是珠三角自主创新示范区，位于“广深港”黄金走廊腹地，地处珠三角几何中心，于2002年开发建设，2010年9月，经国务院批准升格为国家级高新技术产业开发区。自开发建设以来，松山湖创造了各项奇迹，GDP增速成为东莞历年最高。在经济快速发展下，开发区对环保产业需求日益迫切，拟以国际合作产业园形式引进国际先进环保技术，助力其环保产业发展。

众所周知，以色列在环保产业发展方面处于国际前沿，拥有先进的技术设备、优秀环保企业、丰富的发展经验。市场需求方面，以色列正处于拓展版图阶段，以期通过该合作园区拓展国内市场，传播先进环保技术及理念。

（2）发展概况

园区自成立以来，备受两国政府与社会各界的重视与关注，2012年10月，科技部授予“国家水处理技术国际创新园”称号；2013年11月，国家发展改革委明确将园区列为“中国—以色列高技术产业合作”重点推动的四大区域之一；2014年11月，中国创投委授予园区全国第六个、广东第一个“中国创投示范基地”称号。

中以国际科技合作产业园又称国际水谷，在政府的引导下，负责具体筹建和运营的是广东中以水处理环境科技创新园有限公司。园区旨在汇集全球先进水处理技术、优秀水处理人才、高端水处理企业、优质水处理资本，形成集水处理产业链上下游为一体的新兴产业集群。

（3）发展模式

该产业园的发展模式为全新规划型和虚拟型。产业园区主要结构为“四个平台、两个中心、五个产业化基地”。“四个平台”是指市场对接、孵化、金融和交易服务；“两个中心”为国际水技术创新研发中心和国际水技术检测实验中心；“五个产业化基地”包括海水淡化技术研发与装备制造基地、污水深度处理技术研发与装备制造基地、水生态修复技术研发与装备制造基地、污泥无害化处理与回用技术研发与装备制造基地和水相关软件研发基地。

（4）经验与启示

① 坚持“政府引导，企业运作”的指导原则，围绕“项目、资金、技术”为目标客户提供一站式服务。中以产业园坚持“政府引导，企业运作”的指导原则，以项目带合作，建立“一台三池”水处理行业服务平台服务体系。围绕“项目、资金、技术”三大池为目标客户提供一站式服务，为区域水处理及环境治理提供系统解决方案；利用产业园平台与影响力，与项目、市场等资源持有方（包括政府机构、企事业单位、行业协会、

科研院所等）建立战略合作关系，建立起“项目池”，为企业提供项目对接机会。目前，已与广州水投集团、东莞水投集团、中国中铁、克拉玛依、鹰潭高新技术开发区等 20 多家单位建立起战略合作关系。整合技术与资本，通过与以色列、美国、日本、韩国、德国等发达国家知名水处理、环保相关行业龙头企业的不断深耕细作，汇聚技术池。另由国家发展改革委、广东省发展改革委、东莞市政府及中以产业园共同发起的“中以创投基金”，规模达 3 亿～5 亿元，对各类环保项目进行投资，聚合资金池。

② 与以色列企业进行技术合作，以项目合作形式进行技术交流。运用以色列先进水处理技术，针对“污水站尾水提标”“农村污水处理”“垃圾渗滤液”“生态修复”等类型建设了多个示范项目。其中有“中堂镇下马四围河涌治理项目”和“桥头镇大东洲生活垃圾填埋场渗滤液处理项目”，并采用 PPP 模式在多个城市建设了多家污水处理厂及自来水厂，获得了政府对其的特许经营权。

③ 开展交流会，起到宣传交流作用。中以国际科技合作产业园协同政府与企业，每两年举办一届国际水交流会，邀请水处理行业知名专家、行业龙头企业共同就水处理的技术和市场问题进行探讨，促进园区内部企业交流，吸引行业内国内外企业合作，为园区企业、技术起到良好的宣传作用。

8.2　国内环保产业园国际化发展水平评估

8.2.1　环保产业园国际化内涵

环保产业园国际化的概念，是基于对技术、产业和园区国际化概念的综合理解，所发展衍生的新的定义。

首先，技术国际化是技术在研究开发及使用过程中的国际化（蔡兵，1997）。目前，这一潮流已在世界范围内广泛形成，并对企业技术创新活动产生了深刻的影响。

其次，产业国际化是指产业内的产品生产和销售已实现高度的国际化，同时产业内主要企业的生产经营已不再以一国或少数国家为基地，而是面向全球并分布于世界各地的国际化生产体系。其具有产业内企业的国际化经营、产品生产的国际化和产业竞争态势、市场结构的国际化几大主要特征（张纪康，2016）。

园区国际化概念在全球经济一体化和国内竞争国际化越发激烈的背景下脱颖而出，成为各类型园区发展中不可阻挡的趋势。其主要是指园区通过市场、技术、资本等国际化发展，最终实现园区整体的“引进来”和“走出去”，与国际市场接轨，扩大园区的国际影响力。

因此，环保产业园国际化是指产业园不局限于其所在的一个国家，而是面向国际市场。产业园具备丰富的国际科研考察和访问交流经验，园区中的环保技术或企业具有国际领先水平，能够实现环保技术的“引进来”和“走出去”，实现跨国经营，能够与国际技术对接，具有国际知名度和国际地位。

环保产业园国际化主要包括内向国际化和外向国际化两个方面。内向国际化是指产业园区通过直接或间接方式进口生产性要素或非生产性要素而实现的国际化，其主要形式有进口贸易、三来一补、合资合营、购买技术专利、园区内企业成为外国公司的子公司或分公司。外向国际化是指园区通过直接或间接出口生产性要素或非生产性要素而实现的国际化，其主要形式有出口贸易、国外合资合营、技术转让、国外合同签订、在国外建立子园或分园。

8.2.2 环保产业园国际化评价指标和方法

如前文所述，环保产业园区国际化具体可以从技术（创新）、人才、资本、市场、环境等方面的国际化来综合评价。其中技术（创新）国际化主要分析链接国内外环保设备、环保服务高价值要素，吸收、引进、消化相关国际先进技术，及参与国际标准的制（修）订等；人才国际化主要分析国内高素质人才、外国移民和留学归国人才的集聚；资本国际化主要分析企业积极到海外资本市场上市，拓展投融资渠道；市场国际化主要分析国内市场国际化和国外市场国际化；环境国际化主要分析促进国际化发展提供的基本公共服务环境、国际服务支撑体系、搭建教育国际化平台以及国际交流与宣传活动情况。

但综合各园区在促进国际化发展中所作出的贡献及获得的成果（包括技术、设备、人才等），在充分了解环保产业园区国际化的现状条件及发展情况下，可以简单从以下几个方面衡量园区目前所处的国际化阶段：与国外企业进行股权收购、技术买断、独资、合资、项目共建等形式的合作；建立国际对接中心、深化与国际组织、国外环保机构、科研院所等的研发；参加国际展会、建立专家智库、组织技术对接会等交流活动；通过政府公信力建立知识产权保护体系。其中，根据各项衡量标准对环保产业园区国际化发展的贡献程度和影响力，按重要程度排序为：与外国企业合作模式的多样性及合作频繁程度，与外国科研院所及教育机构的合作数量及成果，国内外交流活动次数，入驻的外国企业数量及国别数量。收集环保产业园区与外国企业、科研院所等的合作案例，综合考量五项标准，某种等级占比超过 50%即最终等级，并可据此大致评估园区国际化的发展水平，为确定未来国际化进一步发展目标提供理论依据。由此建立了上述基本的环保产业园国际化发展阶段评估方法，见表 8-1。

表 8-1　环保产业园区国际化发展阶段评估方法

评价指标	初级阶段	中级阶段	高级阶段
入驻的外国企业总数量[1]	＜10	10～20	＞20
入驻的外国企业国别数量[2]	＜5	5～10	＞10
与外国企业合作模式[3]	1～2	3～5	＞5
与外国科研院所及教育机构合作数量[4]	＜5	5～10	＞10
国内外交流活动次数[5]	＜5	5～15	＞15

注：1. 含独资、合资、共建项目、引进技术落地等所有类型入驻的国外企业。
2. 含所有类型入驻的国外企业的所属国别。
3. 含独资、合资、共建项目、引进技术落地 4 种类型。
4. 含所有类别科研院所及教育机构的所有类型合作。
5. 含交流会、技术对接会、参观、考察、调研等所有类型交流活动。

8.2.3　环保产业园国际化发展阶段划分

通过借鉴国际市场中稳定且持久的典型生态工业园的建设经验与推广模式，结合我国环保产业园区的发展现状，可以总结出一套适用于我国产业园区评估国际化程度的方法体系。对我国环保产业园国际化发展水平进行综合评估，旨在了解园区目前国际化发展程度，帮助园区确定未来国际化目标，并依据园区特色挖掘其国际化潜力，通过开展技术推广落地、寻找对接国际企业挖掘商业价值等，提升国际化核心竞争力。

因此，参考园区国际化的详细定义，拟将不同程度的园区国际化发展阶段划分为以下 3 个主要阶段：

（1）初级阶段

在国际化初级阶段，环保产业园区基本实现先进环保技术及设备的引进或输出，充分发挥各自原材料、资本、技术、人才、服务等生产要素优势；凭借产业园技术宣传推广，推动环保产品走出去，非主动开发国外市场，初步建立与国外环保园区及相关领域技术的联系。

（2）中级阶段

在国际化中级阶段，环保产业园区开始打破贸易壁垒，推广园区产品，积极主动逐步开发国际市场；联合国外环保产业园及相关企业进行共同开发，合作发展，包括在国外建厂、建立办事处等。

（3）高级阶段

在国际化高级阶段，随着国际影响力和园区技术实力的不断增长，环保产业园区获得丰富的国际合作经验，建成较为完善的国际交流合作平台，与国际平台联合形成联合体，实现国内外环保技术长期有序的对接交流（兰樟林，2008）。

8.2.4 我国典型环保产业园国际化水平评估

近年来，随着我国环境治理力度的逐渐加大，我国环保产业发展迅速，并逐渐成为我国未来经济发展中最具潜力的新增长点之一，环保产业进入了黄金发展时期，产业规模正逐步壮大。目前环保产业在全国各地都有所布局，并逐渐向园区化、集聚化的方向发展，以实现资源的循环利用和公共服务设施的共享使用。由此，各地环保产业园区的规划、建设和运行正在持续推进。

2000 年以来，一批国家级环保产业园区和环保产业基地获准建立，围绕环保产品和环保服务形成了相关企业聚集区，部分现有高新技术产业开发区依托一定环保产业基础所开发的独立环保园区或园中园也逐步出现在公众的视野中，在特定区域内为环保企业提供良好的生产经营环境平台，使得环保领域的产业园区不断丰富起来。

面对当前国内环保市场整体水平有待提升的情况，为了实现环保资源和技术的进步，顺应经济全球化这一时代潮流，我国的环保产业园力图以深化国际合作来带动产业整体水平的提升，进而推动我国环保产业的发展。在认识到国际化发展的重要性与必要性后，我国各环保产业园区已逐渐开始采取多种方式方法与国际接轨，大力推进国际合作，从对接国际先进技术起步，与国外环保机构进行合作研发促进本土环保产业创新国际化的战略已成效初现。

本书筛选了目前环保产业发展较好、规模较大且具备国际化发展潜力的几个典型的主要环保产业园区进行分析。通过实地调研和相关资料收集，参考前文所确立环保产业园国际化发展阶段的定义及细化的五项主要衡量标准，对园区的国际化发展现状进行了考察和评估（数据收集截至 2017 年 12 月），结果如表 8-2 所示。

表 8-2 我国部分主要环保产业园国际化发展概况

项目	天津子牙环保产业园	中国宜兴环保科技工业园	苏州国家环保高新技术产业园	江苏盐城环保科技城
入驻的外国企业总数量	24	14	13	19
入驻的外国企业国别数量	10	8	6	10
与外国企业合作模式	独资、合资	独资、合资、共建项目、引进技术落地	独资	独资、共建项目
与外国科研院所及教育机构合作数量		9		7
国内外交流活动次数	12	20	4	5
评价结果	初级阶段	中级阶段	初级阶段	中级阶段

1．天津子牙环保产业园

（1）园区概况

天津子牙环保产业园，是我国北方规模较大的经营进口废弃机电产品集中拆解加工利用的专业化园区，被国家发展改革委、工业和信息化部和原环境保护部先后批准为“国家循环经济试点园区”“国家级废旧电子信息产品回收拆解处理示范基地”“国家进口废物‘圈区管理’园区”，是按照原环境保护部和天津市政府的总体要求设立的，并列入了天津市政府总体发展规划，是国家批准的天津市省级开发区之一。

园区现有企业 120 家，年吞吐能力为 100 万～150 万 t。每年可向市场提供原材料铜 40 万 t、铝 15 万 t、铁 20 万 t、橡塑材料 20 万 t，其他材料 15 万 t，形成了覆盖全国各地的较大的有色金属原材料市场。实现了国际国内合作，一、二、三产交融，产业产品对接，资源优势互补的经济社会大循环。

天津子牙循环经济产业区作为我国少有的以循环经济为主要产业特色的国家级环保园区，符合国际新经济发展趋势，以节能、环保、可持续为发展理念的循环经济产业代表着当前国际经济发展的主要方向；从国际可持续发展项目的角度看，其与日韩成熟的循环环保产业园运营模式之间的相通性，将促进国家之间在环保产业领域的友好合作。这些都成为子牙园区国际化发展的动力。

（2）国际化程度

天津子牙环保产业园国际化程度处于初级阶段。截至 2017 年年底，已与来自北美洲、欧洲、亚洲等的 10 个国家的 32 家外国企业建立了合作关系，企业入驻园区情况如图 8-2 所示，在园区内总投资额超过 9 亿元人民币。

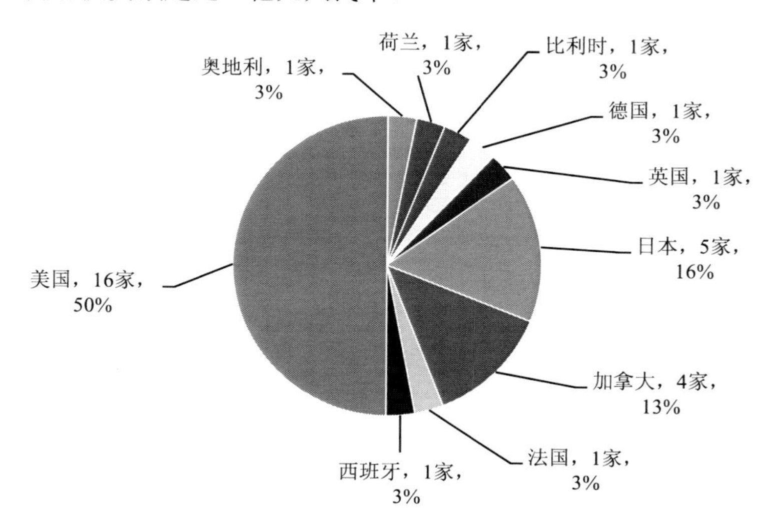

图 8-2　外国企业入驻天津子牙环保产业园概况

在合作模式方面，外国企业入驻主要以合资或独资的方式展开相关业务，围绕园区四大主导产业“废旧机电产品拆解加工业”“废旧电子信息产品拆解加工业”“报废汽车拆解加工业”和“废旧轮胎及塑料再生利用业”，把握“高利用、低排放、高产出、低污染”的原则，在再生资源、金属制品和金属加工、废弃物处理等领域，与园区内已有企业进行务实合作，借鉴先进的技术和经验，显著提高技术水平。

在国际交流方面，2008 年，为了更好地借鉴国外的循环环保产业园区，天津市和北九州市共同签署了两市开展中日循环型城市合作备忘录，就子牙环保产业园循环经济的发展开展广泛合作。日本北九州生态工业园是国际循环经济典范园区，与天津子牙环保产业园主营业务较为相似。此外，为了进一步加强与国外先进企业的技术交流，天津园区接待来自日本、韩国、欧盟、英国等国家和地区的访客，并在园区内组织了多次论坛、研讨会等交流活动，建立与国际园区接轨的新型管理体制和服务体系，园区的循环经济示范效应逐步显现，极大地推动了园区的国际化发展。

（3）国际化发展存在问题及未来趋势

天津子牙环保产业园国际化发展存在两大问题：一是借鉴单一园区经验，局限园区实现突破。作为国内以循环经济为主要产业特色的发展最为先进的国家级环保开发区，天津子牙环保产业园重点借鉴了日本北九州工业园的先进发展经验，实现了我国在特定区域内进行高效再生资源回收利用的突破。但目前来看，仅以日本为参考在一定程度上局限了天津子牙园区的发展。二是国际化布局战略目标不明确。鉴于园区循环生态系统这一概念较为新颖，园区实现国际化布局的战略目标及具体方式方法仍不明确，外来资本助力园区国际化发展的实例数量较少。

未来，天津子牙环保产业园应广泛采纳学习国外多个优秀的生态工业园区的发展经验及运营管理模式，加强与国内外先进企业的务实合作，改进收旧利废及加工处理技术，建立与国际化园区相适应的新型管理体制和服务体系，全力支持签约项目建设及国际交流活动，在迈向国际化中级阶段的同时，为深化京津冀地区的循环经济发展作出贡献。

2．中国宜兴环保科技工业园

（1）园区概况

宜兴是我国环保产业的发祥地，也是我国环保的全程参与者和发展见证者。宜兴的环保产业起步于 20 世纪 70 年代，发展至今已经形成了 1 700 多家环保企业、3 000 多家环保配套企业的环保产业集群，造就了 10 万环保产业从业人员。环保产品涉及水环境处理、声环境治理、大气环境治理、固体废物处置利用、仪器及配套产品等六大类，200 多个系列、3 000 多个品种，目前环保产业产值超 500 亿元。中国宜兴环保科技工业园（以下简称宜兴环科园），是 1992 年 11 月经国务院批准设立的无锡国家高新区“一区两园”中的重要一园，是全国唯一以环保产业特色命名的高新技术开发区，也是宜兴中高端环保产业最为集中的区域。随着“一园三区”大格局的形成，环科园定位“全球环保产业大集群、要素大集聚中枢园区”的战略目标得到快速推进。

水环境治理作为宜兴环科园环保产业发展的特色细分领域，以给水、排水、循环水、污水处理等为主的多系列、多品种水环境治理设备和技术已达国内领先水平，水处理设备自我配套率高达 98%。作为我国最大的水环境产业集聚地，宜兴环科园已经形成了集研发设计、装备制造、物流仓储、销售与服务等多功能为一体的产业支撑体系。

作为我国环保产业集聚度最高、应用能力最强、创新创业最活跃的地区之一，宜兴环科园具备较强的综合实力，同时具有国际化发展的潜力。因此，为了使宜兴环科园在市场竞争中力拔头筹，加快实现环保产业层次向中高端的提升，园区国际化成为环科园发展规划中十分重要的一部分。

（2）国际化程度

宜兴环科园的国际化程度目前已达到中级阶段。宜兴环科园采用国际合作创新模式，建设了国合环境高端装备制造基地，有针对性地开展与国外环保企业的交流合作。国合环境高端装备制造基地将股权合资经营、本地合作生产、核心知识产权三者有机结合，致力于集聚国际先进技术团队与高端装备制造企业在基地落户。目前已正式签署战略合作协议计划入驻的外方企业有 12 家，其中与国合平台签署深度合作项目的企业达到 5 个，包括中日、中韩、中德和中美合资，业务涉及水生态修复、固体废物处理、海绵城市建设等环保高新技术领域。作为园区国际化发展的创新先行者，提出并采用了“1+N”的运营模式。“1”是指一个基地，“N”是指多个平台，即通过一个实体基地联合技术、融资等平台，整合资源、孵化中外合资企业等方式，实现国内外商业合作。

宜兴环科园坚持“走出去”和“引进来”相结合，切实提升环保产业发展的国际化水平，已成为国内环保技术国际合作最活跃的地区。一批先进的国际环保技术纷纷落户宜兴环科园。目前园区已建成了中德、中丹、中芬、中荷等 13 个清洁技术对接中心，引进了荷兰、芬兰、日本、韩国等环保领域 200 多项先进技术合作项目。一批企业赴马来西亚、俄罗斯、美国，设立生产基地和代表处；凌志环保、江华集团分别与美国 PARC 研究中心、以色列魏兹曼研究院联合成立了创新研究院；国际水协会主席格雷·戴格院士建立了外籍院士工作站。园区和南工大启动共建石墨烯产业园，俄罗斯科学院、莫斯科国立大学在园区设立新材料研发中心。承担了中新水处理国际创新园、中韩大邱环保产业基地和“韩国环境分院”、中美“能源与水”科技合作计划、中以水资源高效利用合作计划 4 个国别合作项目。同时，紧扣国家“一带一路”倡议，与中国—东盟环境保护合作中心合作建设的中国—东盟宜兴基地，在推动环保企业“走出去”方面发挥积极的推动作用，在第二届“一带一路”国际合作高峰论坛绿色之路分论坛上，宜兴环科园成为“一带一路”绿色发展国际联盟单位之一，园区企业菲力环保成为联盟首批合作伙伴。目前，园区共有艾科森、三强环保、凌志环保等70多家企业和产品走出国门，走向世界，为南非、东南亚、中东的环境治理提供了良好服务。

（3）国际化发展存在问题及未来趋势

宜兴环科园秉承着“瞄准世界一流，打造中国第一”的发展理念，环保企业的国际市场开拓力逐渐增强，成为我国环保产业园区中海外合作成果最为耀眼的园区之一。但在开拓国际市场的过程中仍存在一些问题：

一是地域、人才、管理等限制。宜兴市作为一个县级市，在园区规划方面不到位，加上可利用的行政资源和经济资源有限，各种项目落地和经费拨付也十分受限，配套设施不够健全，无法满足一个国家级园区发展的人才需要和空间承载需要。

二是国外企业对我国环保产业始终存在的信任危机，造成引进优秀技术出现一定的阻碍，单一的引入环保技术产品这一合作模式已不能满足宜兴园区日益增长的国际合作需求。

三是科技创新转化率不够，企业间缺乏合作。创新体系有待进一步完善加固，政策开放度不明显，资本、人才、科技等资源要素面对新的竞争，转化的“最后一公里”还有待进一步打通。

另外，宜兴环保企业总体上还呈现“小”而“散”的状态，部分企业市场能力很强，但往往是单打独斗，抗风险能力较弱，难以和国内外大型企业较量，难以抱团承接有影响力的海外订单等。

中国宜兴环保科技工业园已具备了向国际化高级阶段发展的能力，因此，园区未来的发展目标可以定位为稳固中级阶段，构建立体国际交流网络以实现全面多渠道发展。具体途径包括但不限于拓展创新型环保产业国际合作路径，制定相关知识产权保护政策制度，加快优质国际资源的落地、整合与转化。

3．苏州国家环保高新技术产业园

（1）园区概况

2001年2月，国家环境保护总局批准建设了首家国家级环保高新技术产业园——苏州国家环保高新技术产业园，建立在苏州国家高新技术开发区，即苏州新区内。该园区是国内第一家具有企业化运作特色的产业园区，主营业务涵盖大气污染防治、水污染防治、固体废物处置、风能设备与技术、太阳能设备与技术、电池修复等囊括全环保领域的七大类产业。苏州产业园拥有国家环境保护总局“苏州国家环保高新技术产业园”和苏州市“环保高科技产业孵化基地”授牌，还被评为“中国环保产业园公众满意第一品牌”。

自园区成立开始至今，苏州产业园的战略定位也逐渐确定，“环保综合服务商”，依托园区载体，形成环保产业集群，通过发挥平台服务优势，实现环保产业新突破。苏州产业园已成为我国首个集环保科技创新、环保载体建设和公共服务为一体的特色园区，主要包括清洁生产中心、节能环保高新技术创业园和环保科技公共服务平台，目前已累计引进中外企业超过 200 家，产业涉及环保设备、环保工程、新能源、节能材料等多个领域。

（2）国际化程度

苏州产业园经过评估衡量后，目前国际化程度仍处于初级阶段。苏州产业园目前吸引来自日本、德国、意大利、韩国和法国等多个国家的涵盖环保多个领域的独资公司在园区内驻扎，国家和地区入驻情况见图 8-3。

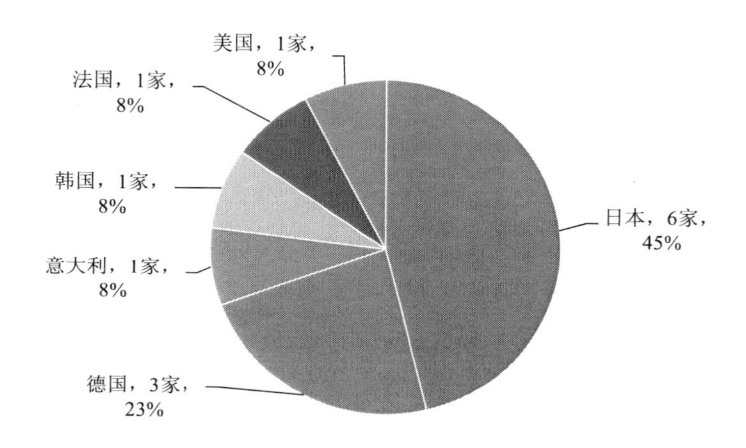

图 8-3　外国企业入驻苏州环保产业园概况

早期入驻的卡乐电子、爱威电子、美恩超导、栗田工业等高科技、高产值的企业都是苏州产业园依托政府招商引资平台，成功吸纳的优质名牌企业，以此打开园区的产业集聚之门，逐步向环保产业集聚的目标发展。还吸引了许多世界著名环保企业的投资，其中包括世界上最大的水处理专业公司纳尔科化学公司、世界上代表分析仪器最高水平的岛津仪器制作所等。同时，苏州产业园致力于坚持环保实业项目的开发和运营，于 2008 年收购园内企业苏州中芬环境检测有限公司（后更名为苏州国环环境检测公司），经过孵化器培育和扶持，成为多样环境检测服务综合企业；2012 年年底以 2 078 万元的高溢价成功转让；2015 年与美国英环公司合作中国化工园区废气在线监测项目，该项目成功入选 2015 年度“中美绿色合作伙伴计划”。

苏州产业园利用园中园模式开拓国际合作的市场，对这一模式的应用已走在前列。产业园区的园中园发展模式是指在布局模式上依据系统论，按照布局结构分为大园和小园。大园是环保产业园系统的有机整体，综合各类型环保产业，它的主要功能是为小园系统提供科学管理、高质量服务、优惠政策和完善基础设施，并致力于小园系统和园区整体关系的协调及整个系统的发展规划；而小园系统是围绕不同的环境保护领域或环保产业类别形成的集聚区，是产业园区大系统的重要支撑和整体目标实现的基础。中节能（苏州）环保科技产业园坐落于苏州国家环保高新技术产业园内，是中国节能旗下江苏长江节能实业发展有限公司与苏州环保工业园区共同投资打造的国内领先的环保节能技术及产品集聚示范园中园，呈现节能环保技术研发、试验、生产等特点，重点引进环保节能、新能源企业，具有以良好环境吸引先进技术、以优势企业形成集群效应、以特色园区带动产业发展的重要作用。

国际交流方面，苏州产业园多次开展国际交流和考察活动，并牵头组织园区内优秀企业与国外同类型企业进行洽谈。园内设立了苏州国际环保产品技术交易中心，作为中方合作机构，吸引园区内外工业企业参加国际专题研讨会、项目经验交流、技术对接等有利于环保企业国际化发展的各类活动，为园区内企业在环境管理、节能减排、清洁生产等方面提供有力的国际支持和帮助，并与加州能源等科研机构开展项目深度合作。还与美国、英国、爱尔兰等国的科技园区建立了人才培养、技术创新交流等活动在内的广泛的科技交流与合作，进一步增强了区域的自主创新能力和人才优势。

（3）国际化发展存在问题及未来趋势

苏州产业园在国际化发展中仍处于初级阶段，符合园区实情和未来发展需要的国际化发展思路仍不太清晰，且具体国际交流合作形式与频次均相对不多，产业国际化服务平台机构较少，目前仍处于发展的固有模式中。

因此，苏州产业园应通过“走出去”的策略作更为详细的规划，明确未来国际化发展的目标，努力向中级阶段进发。可借助大力推进运行园中园这一特色模式，结合国际交流合作进一步实现园中园产业集聚的优越性，建设更为明确高效的针对环保各领域的政策、信息、技术分享平台，实现多渠道、多形式的对接交流，以突破固有模式，铺设适合于苏州产业园的国际化发展的道路。

4．江苏盐城环保科技城

（1）园区概况

江苏盐城环保科技城是江苏省唯一的环保产业省级高新区，也是生态环境部认定的国家环保产业集聚区。盐城环保科技城成立于 2009 年，规划面积 50 km^2，先导区 20 km^2。盐城环保科技城是盐城市委、市政府策应江苏沿海开发与长三角一体化发展战略，做大做强环保主导产业、加快提升大市区综合竞争力的重要载体。园区以大气污染治理为主攻方向，构建了以烟气治理、水处理、固体废物综合利用、新型材料等环保装备制造业和环境服务业协调发展的产业格局，领军企业高度集聚，配套设施功能完善，形成了集“研发孵化、设备制造、工程施工、运营服务、展示交易、应用示范”为一体的产业链发展业态。

目前盐城环保科技城已集聚环保产业龙头企业 87 家以及上下游配套企业 412 家，建成国家级企业技术中心 11 家，规模以上企业 27 家。创业投资服务中心、环保科技产业孵化基地、国际会展交易中心等公共配套服务类、科学家工作室、绿巢等科技研发平台 21 个。园区已荣获中国首家环保产业集聚区、中国环境产业最具竞争力园区、中国环保装备高新技术特色产业基地、中国火炬计划特色产业基地、国家燃煤污染物减排工程实验基地、中国环保产业产学研联合基地、国家环保科普基地等称号。

（2）国际化程度

盐城环保科技城的国际化发展程度为中级。作为国内发展速度最快、领军企业集聚最多的环保园区，目前在盐城园区落户的来自日本、美国、加拿大、法国、英国、丹麦、意大利、德国、奥地利和新加坡等不同国家和地区的企业已达到近 20 家（图 8-4），销售市场覆盖美国、德国等 50 多个国家和地区，并将持续扩大国际化招商。此外，多家国外知名科研机构、高等院校及国际环保组织已与盐城环保科技城建立了良好合作关系，按照市场化机制加快建成与丹麦、芬兰、荷兰、德国、韩国和日本六大国际清洁技术对接中心，促进环保产业提档升级。

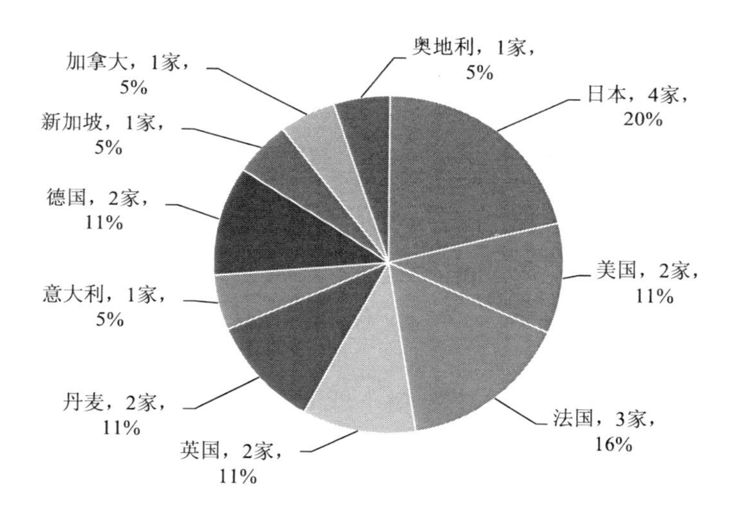

图 8-4　外国企业入驻盐城环保科技城概况

值得一提的是，盐城环保科技城每年定期举办国际环保产业博览会，旨在建立一个国际交流平台，吸引来自国内外的相关企业机构围绕环保产业市场开拓、技术交流、投资合作等主题展开讨论，谋划与多个国家和地区客商的合资合作，促进与国际环保领军企业、顶尖科研院所的项目签约，依托于国际领先技术的创新平台，全力推进国际环保产业集聚高地加速崛起。

江苏盐城环保科技城与对外合作中心进行长期深入交流合作，借助集国际化、智能化、集成化于一体的环保技术国际智汇平台——3iPET 平台，依托国际资源优势，推动中外环保技术在盐城环保科技城进行“引进来”“走出去”和产业化发展。平台旨在为盐城环保科技城及园区内环保行业企业迈向国际化的进程中提供专业技术能力与全流程的综合服务。通过协助寻求全球环保技术企业、园区和市场伙伴，搭建沟通桥梁，汇聚国际合作，加快国际清洁技术引进，实现环保技术展示、培训交流、技术研发、适用技术的筛选及示范推广等功能，高效解决国际化发展需求，共担风险，共享合作收益，提升园区企业价值及国际化地位。此外，平台具备一定的业务咨询能力，帮助盐城园区及环保企业确立技术国际化发展方向，创造跨国技术合作机遇，打开“一带一路”沿线及发达国家地区环保产业市场，实现园区国际化战略。

（3）国际化发展存在问题及未来趋势

盐城环保科技城一直以来坚持着“国际化眼光”的发展思路，紧跟以大气污染治理为主的环保产业发展特色，在国际市场中充分利用调动各方资源，打造独具园区特色的环保全产业链，但在国际化发展过程中仍出现了不足之处：环保产业发展空间较为狭窄，产业业态不够丰富，生态循环经济理念落实不到位，未能全面凸显园区国际化特色等。

盐城环保科技城下一步应踏实中级阶段，着力高级阶段，以更大的力度加快国际合作步伐，调动园区企业的积极性，在各个国家和地区大力拓展业务，通过挂大靠强、结成联盟，在全球环保市场产生新的竞争优势。此外，应大力宣传推广自有国际化品牌，持续举办“国际环保产业博览会”，将其做大做强，为盐城环保科技城整体国际化发展提供更多机会。

8.2.5 我国环保产业园国际化发展存在的问题

我国的环保产业园区国际化时代已经来临，在“引进来”和“走出去”的风潮中，我国环保产业园显现出很多问题，使得大部分园区其整体国际化仍处于中等偏后的位置。

1．产业园硬件配套强大，软件能力不匹配

目前我国环保产业园区大多在基础设施建设方面都比较好，建设了一大批功能齐全的生产厂房，提供较好的园区环境，但是在人才方面如有经验的管理者、运营者、资深的专业技术人员、娴熟的各类技工；资本方面，如产业园的运营维护、环保企业创新创业的资本融资需求；配套方面，如国际技术转移、示范等各类公共服务平台机构，这一系列软件能力较为缺乏，很难满足国际化的需求。

2．产业集群还没有形成合力

我国环保产业园内很多环保企业纷纷进入国际市场，但大多还是以单个企业或者是大企业带配套小企业为主体的形式，企业间很难抱团以形成合力，还未形成以产业链条为主体的合作模式，甚至一些企业还存在恶性竞争的现象。

3．园区中小企业国际化能力偏弱

产业园区内实力雄厚的央企、国企更容易凭借园区更多的支持力度、强大的资金资源优势及对外交流能力在国际化中有所收获，一些真正拥有或寻求好技术好产品的中小企业群体往往因为整体实力相对较弱，和国际企业机构交流沟通少，很难在国际市场中找到合适的落脚点开展交流合作。

4．知识产权保护体系不健全，很难和国际企业形成信任关系

我国比较缺乏知识产权保护力度，加上过去我国产业园内有很多环保企业打着合作的名义对国外一些知名企业的设备进行了抄袭和模仿，以至于现在很多国外企业担心技术专利被复制，以产业园出面所起的作用也较为微弱，因此无法完全形成信任，只得采取一些保守的合作方式，使得我国很多环保企业当下在国际技术的引进过程中屡屡受挫。

8.3　环保产业园国际化发展对策建议

在绿色发展的国际潮流中，我国各环保产业园在国际化的道路上稳步前进，形成基本完善的环保产业国际化体系，园区内企业通过各种形式进行与国外技术的对接交流，整体环保技术水平与国际先进水平的差距不断缩小，研发能力在国际交流中有了进一步的提升。

在未来，各要素成员应努力吸收整合国内外成功示范园区的建设和发展经验，结合环保产业发展现状及国家相关战略政策，明确园区国际化现状，稳固现有国际化水平，加快发展步伐，逐步向中级阶段发展，迈上国际化新台阶，力争创造高级阶段的部分成果，全方位加强国际合作交流，进行技术的相互链接、相互补充，实现产业园间的有机合作，形成稳定且持续扩大的环保产业园区国内外关系网络。

环保产业园国际化发展是环保产业园创新发展的必然趋势和必由之路，在当今环保产业飞速发展的阶段，一个园区国际化发展成功的关键要素来自国家政策、地方政府和参与企业。针对我国环保产业园区国际化发展现状，应从各关键要素出发，提出加快园区国际化发展的策略建议。

8.3.1　强化政府在环保产业园国际化发展中的作用

政府应为环保产业园区国际化发展提供大力支持，可给予园区一定比例的发展扶持基金，以解决国外先进技术在国内的示范推广及国外企业适应中国市场的第一步。政府部门也可试行参股示范，扮演牵线搭桥的角色，以政府公信力做背书，增强合作双方信任，将国外先进成熟的技术应用引入国内园区，待国外企业对国内市场环境熟悉后适时退股，将广阔的国内外交流平台留给园区内环保企业。

政府作为环保产业走向国际市场的第一推手，应建立健全的涉及环保产业的法律、法规、政策、标准体系及技术规范，着力解决知识产权保护的问题，帮助国外机构放心地进入中国市场，维护并实现园区的国际化生态稳定。

着力完善环保产业园国际化发展环境，改善交通、教育、信息等生活配套基础设施，建设宜人的生活环境，吸引和留住人才。

政府应借鉴学习国际生态工业园发展经验案例，明确生态工业的概念，结合目前国内环保产业园区的发展态势，推动建设国际化的环保产业生态园，围绕循环经济利益、工业生态学原理和园区国际化发展改造园区（田野等，2009），在实现环保领域国际合作的同时，不断推动生态、节能、环保、循环经济产业链发展，建设更加绿色生态符合可持续的环保产业园。

8.3.2 健全环保产业园国际化发展政策

“一带一路”倡议为环保产业园区国际化发展提供了丰富的海外资源和市场机会。应引导园区积极探索海外市场，顺应潮流，迎接挑战，借助这一新契机加快我国“引进来”与“走出去”的步伐。在巩固与欧盟、美国、日本、韩国等传统市场的合作基础上，鼓励园区企业深度开发新丝绸之路沿线各重点区域，如中东、拉美、东南亚市场。

充分发挥对外合作的区位、模式优势，积极引进跨国公司区域性总部和功能性机构。针对“丝绸之路经济带”和“21 世纪海上丝绸之路”沿线国家对先进环保技术、设备、产业发展模式的需求，鼓励园区内企业实施产品出口，海外投资，技术并购等举措，支持具有国际竞争力的污染治理设备进行大规模出口，打造具有良好环境保护综合效益的重大投资合作示范项目。健全对外投资促进政策和便利化服务支持体系，设立“走出去融资担保平台”“一带一路发展子基金”，为“走出去”企业提供权益保障、资金支持、风险预警等服务。

8.3.3 拓展环保产业园国际化渠道

（1）建立健全国际合作交流机制

积极推进国家间可持续交流新模式，建立健全环保产业技术交流合作机制，保障合作合资项目能够获得东道主国家和本国的共同支持，力争实现环保产业和技术的国际合作共赢。同时，组织国内园区环保企业及相关集团参与，了解系统化的实施、管理和运行（过国忠等，2020）。

积极响应“一带一路”倡议，推动环保产业园区与发达国家及发展中国家开展环保产业联络与交流，不断拓展海外市场，努力引进国外资本、先进技术和管理经验，在园区内促进国家间的合作交流，发挥双方在人才、技术、市场、管理等方面的协同作用，稳健布局园区内的国际业务，推进高端项目集聚，推动提档升级。

（2）打造国内外园区对接交流平台

加强国内外环保产业园区间及园区内不同领域企业间的合作交流，全面共享国际资源，通过综合性技术交流和研发平台对接，解决环保产业园区国际化发展中的问题与提出的需求。

通过园区对接合作，实现同时向国内和国外两个市场输出业务，为政府及企业提供环保政策研究与交流、环境管理能力建设培训与交流、环保技术研发与咨询、环保技术合作与展示等多功能于一体的综合环境服务。

8.3.4 畅通国内外环保企业技术合作渠道

积极链接全球创新创业高地，如美国硅谷、以色列等，打造国际合作新平台，探索“国外孵化、国内加速”新模式，推动跨国创业、技术转移和人才引进，同时实现我国环保园区企业在技术、观念和管理上的不断创新。

搭建园区环保信息服务与交流合作的平台，为国内外环保企业提供了解环保技术、产品、政策等发展现状的契机，畅通环保市场信息及技术交流、对接、转移的渠道，推进平台合作模式，规范引导进行资源对接，助力企业借助合作平台合资开展环保示范项目，加大环保领域技术及信息的宣传推广。

8.3.5 打造环保产业园中园发展模式

一直以来，直接引入国外产品，通过自己在国内的销售网络完成市场份额，是国内环保产业园区对外合作运用较为频繁的方式。随着时代的进步和市场的要求，园区普遍增强了对研发的关注。

因此，园中园发展模式的诞生，加强环保产业园区国际研发及技术产品的国际化转化与改良具有重要的推动作用。在园区内推进产业集聚发展，将促进园区针对不同环保领域产业进行优化升级。园中园成为各领域产业资源集中、人才集聚的平台，实现与国外同领域企业、科研院所的合作，以共同对环保的前瞻性理论进行研究，并最终开发出领先的技术产品，含金量大且前景广阔。

第 9 章　盐城环保科技城创新发展战略

9.1　发展现状

9.1.1　园区概况

盐城环保科技城前身为盐城环保产业园，成立于 2009 年。园区西靠盐城市区，东临黄海之滨，在沿海高速以东，新洋港以南。为推动产业发展走上新高端，打造产城融合特色新城区，从 2013 年始，盐城环保科技城开启了由“园”转“城”的新历程。环保科技城是江苏沿海开发上升为国家战略后，在江苏沿海地区重点规划布局的唯一环保产业基地，也是目前国内最大的环保产业基地，是江苏沿海经济带上濒海最近的国家级环保产业基地。

围绕“国际先进、国内一流”的发展战略目标，盐城环保科技城走出了一条科技引领、特色赶超的跨越发展之路，成为国内发展最快、领军企业最多、产业特色最为鲜明的国家级环保产业集聚发展区，先后被授予“中国首家环保产业集聚区”“中国火炬计划特色产业基地”“国家地方联合工程研究中心”“国家燃煤污染物减排工程实验基地”“国家新型工业化产业示范基地”的称号。

9.1.2　产业发展情况

盐城环保科技城是国内唯一一家以大气污染治理为主攻方向的特色产业园。形成了“448”的产业格局，即四个环保产业基地，四大重点环保产业，八大支撑平台。

园区规划四个环保产业基地：国家级的环保技术研发及装备制造基地，国家环保技术成果材料交易基地，城镇环保生活低碳示范基地，全国环保工程服务基地；四大重点环保产业：烟气治理、水处理、固体废物综合利用、新型材料；八大支撑平台：工程总包平台、工程设计平台、技术研发平台、工业设计平台、制造平台、工程施工平台、工程运营平台、工程检测平台。其四个环保产业基地中三个半涉及服务业，半个涉及制造业，八大支撑平台在突出重点产业之外更强调研发中心的发展。目的是希望强化工业制造链两端——研发与市场，将两端逐渐剥离但保有制造业本身的核心制造能力，由研发中心和市场服务业引领形成园区今后的服务业聚集区的特色。在盐城服务业发展相对薄弱的基础上，将工业发展和服务业发展特色融合，实现制造业的服务化和服务业的制造化，给盐城二、三产业发展带来活力。

园区先后引进了一大批国内外顶尖的环保行业领军企业，形成了集群化、高端化发展态势。浙江菲达、福建龙净、中电投远达环保等大气环保行业领军企业相继入驻运行；科行、吉地达、同和、华晖等本土环保企业迅速壮大，与美国恩理、丹麦弗洛微升、日本东丽、日本揖斐电、意大利 GCR 等国际知名环保企业牵手合作，初步形成了以环保产业为主导、大气污染治理产业为特色的产业集群。

9.1.3 园区管理模式

盐城环保科技城的发展定位为“国际先进、国内一流”的产业园区，主营业务是大气装备制造，采用了自上而下的建设方式，其管理主体是园区管理委员会。园区管理委员会作为政府的派出机构，具有细化的部门、明确的职责分工和专职人员，统筹制定园区规划、管理条例，从土地财税政策、项目招商建设、人才引入多角度全方位管理园区。

在以政府为主导的管理模式下，环保科技城目前拥有良好的产学研合作条件和技术创新氛围，以企业为主体、以市场为导向、以中国环境科学研究院、中科院过程所、清华大学、德国 GEA、日本上岛等国内外顶尖院所为技术依托，以产业化为目标，在促进科技成果转化和自主创新、培育创新人才等方面有强劲的示范带动效应，致力于建成全国第一家环保类产学研合作创新示范基地。

9.1.4 产城融合发展情况

环科城在制造业发展的良好环境下，配套发展服务业，实现网络状边缘生长式产城融合。实行新型工业、现代服务业“两翼齐飞”，推动环保产业转型升级，亟须综合性、多层次、全方位地进行产城融合，不断完善配套功能，增强产业竞争力，提升发展的增长能级。环科城的产城融合发展路径主要分以下 3 步：

第一步规划引领，超高速建立绿色环保制造基地。用 4 年时间，从无到有打造出国内领先的绿色环保制造基地。

第二步人才引进，助力制造业企业高端攀升。针对园区环保产业人才队伍建设滞后，技术创新能力不强的现状，园区加大人才引进力度。在发展前期，政府牵头引进 12 名国内外环保领域的领军人才和 119 名环保博士，加强产学研合作力度，指导服务环保产业园与清华大学、复旦大学、同济大学、南京大学、东南大学、武汉理工大学建起了 6 家实验室或研究院。政府鼓励引导盐城市重点环保企业向园区集聚，通过技术创新、搬迁改造，实现企业转型升级，加大产业招商力度，引进实施一批产业龙头项目，提升产业发展层次。仅 2011 年园区落户 8 家上市公司和全国烟气治理的四强企业，其中包括全国工业水处理行业首屈一指的龙头企业——北京万邦达环保技术股份有限公司，全国大气污染治理行业的龙头企业——菲达集团等。充分利用龙头企业，引领带动环保产业的高端攀升，做优发展标准和完善市场规范，在区内构成良性竞争和良性循环的企业氛围。

第三步两端剥离，特色推动产城融合发展。作为制造业和服务业双轮驱动的园区，盐城环保产业园区创新提出环保产业的研发过程配合整个产业发展，配合设备制造产业发展，引进了国家级检验检测研发机构，以烟气治理、水处理装备产业、绿色建材产业、固体废物处理处置产业作为重点发展产业，改善工业发展带来的环境问题。同时将本地制造业向周边小园区扩散的架构，形成一个新型的服务业中心—制造业外围的结构，激发周边地区产业的积极性和灵活性，走产业发展与城市发展相结合的道路，促进产城融合发展。

9.2 存在的问题

9.2.1 技术创新存在的问题

（1）技术创新协同能力不够

现有大气环保产业技术创新能力不够强，发展质效有待提升。现有创新机构和组织同质化现象明显，协同创新不够。事实上，我国大气环保产业普遍存在同质化竞争激烈的问题。由于大气环保市场大环境的问题，加之对国内环保产业发展的总体趋势和国外环保技术、市场的发展状况等缺乏足够的认识，谋求大而全、多而杂，导致产业同质化竞争现象严重，降低了环保产业整体配套服务和市场集中度。

（2）技术创新成果转化率低

现有大气环保产业技术创新载体及其配套不够完善。虽然科技城已经具备一定数量的创新平台，但是国家工程实验室、国际化产业技术合作机构等仍然较为缺乏。更重要的是，研发机构与企业之间融合度较低，技术创新成果转化率较低，新的科技成果难以在短时间内实现成果转化。

（3）核心技术仍然欠缺

虽然脱硫脱硝经引进消化吸收再创新，逐渐掌握了核心技术，但在脱硝催化剂再生、机动车污染防治、高精度监测/检测仪器等核心技术方面与发达国家仍有大的差距，面临较大的国际竞争压力。且原本就具有科技优势的发达国家重视知识产权保护，极力维护其技术垄断地位，在争夺国内外市场的同时，不断以“环境标准”设立新的贸易壁垒，对国内大气环保产业发展造成巨大压力。

9.2.2 园区管理面临的问题

（1）未能按照职、责、权一致的原则合理设置机构

盐城环科城为了与上级有关部门对口、衔接，管委会相继设立了妇联、团委、计生委、工会、共青团、统战等机构，或者为“加强”对产业园的管理，增设机构，增设人员，造成机构臃肿，从而制约行政管理效能。

（2）政府与企业、政府与社会、政府与中介组织的职责不分

管理机构、服务机构和支撑服务体系交叉不清。由于未能充分明确政府的职能，主要是政府管理职能和服务职能之间的关系，在机构设置和实际运行中就表现为政府与企业、政府与社会、政府与中介组织的职责不分；对于企业而言，政府行使了过多的行政管理职能，对于社会中介组织而言，政府又承担了太多的社会管理职能，这样不利于机构的精简、高效和规范，保证政府和企业的良性运转。“封闭式管理，开放式运行”是理顺环保产业园管理体制、完善运行机制的一个重要标志。

（3）创新能力不足，自主创新能力不够强，发展质效有待提升

国际知名企业入驻率不高，带动性强的龙头企业不多。产业发展以环保装备制造、环保产品加工、港口物流配套为主，产品配套能力不强。环保研发孵化所占比重较少，缺少高端环保企业竞争优势，不利于环保技术的创新及品牌凸显。创新创业载体及其配套不够完善。虽具备一定数量的创新平台，尚缺乏国家工程实验室、国际化产业技术合作机构等，技术产业化和技术研发对本区产业的支撑力有待强化。现有创新组织单元之间融合度较低，同质化竞争现象明显，协同创新不够。创新发展的体制不健全，产业政策支持和社会服务体系不完善，金融拓展与人才储备不足。环科城核心区域在教育、购物、餐饮、金融等生活配套类项目不完善，给引进的高层次人才带来了生活不便。

环科城的环保科技创新能力整体不强，创新体系整体效能有待进一步提高，创新环境和生态有待进一步优化。一些重点领域的关键技术长期没有取得突破，创新链条中的研发、转化环节还有待加强。现有的高新技术产品中，拥有自主知识产权的比重还比较低，研发投入明显不足。企业创新主体的地位仍未得到确立，多数环保企业只是靠灵活的经营机制抢先占领了一些环保产品的经营阵地，拥有核心技术、具有核心竞争力的环保企业还不够多，自主创新能力不强，严重影响环保产业的核心竞争力，削弱环保科技城的发展后劲。

（4）与周边产业融合能力差，对周边地区辐射带动不足

缺少城市支持产业功能。大尺度的城市框架势必带来分散的城市格局，作为主城区外围功能组团，环保科技城发展相对孤立，缺少城市支持产业功能成为当下主要发展瓶颈。环保科技城位于盐城中心城区外围产业空间圈层，以企业生产、科技研发等功能为

主。环保产业是盐城战略性新兴产业之首。在盐城城市层面，作为盐城发展新兴科技产业时代的主要抓手，环保科技城“产”之发展是区域发展主体诉求。但环保科技城现状片区主体位于 226 省道以东，处于城市发展最外围，距离主城区较远，不利于国际产业集聚和高端产业平台建立，缺少“城”之支持产业功能成为当下发展主要瓶颈。

与周边区块互动性弱。环科城与周边区块的关系互动性弱，区域支点作用未能有效显现。环保科技城与主城区联系通道能满足两者通勤联系，但未能形成有效功能板块间层级联合；周边乡镇居民点不足以满足园区城市支撑需求。另外，园区对周边地区辐射带动不足。

配套设施略显不足。环科城内部产强服弱，人气氛围不足，各种配套设施不能完全满足广大居民生产生活需求。

9.3 发展战略与对策

9.3.1 优化空间布局，打造产城融合新格局

（1）拓展产业发展新空间

按照“产城融合”的发展要求，根据产业定位调整修编“六片区”，并结合特色小镇规划建设形成产城融合发展规划。深化 50 km^2 总体规划，拓展城市总规划范围，将建设区域向 S226 东延伸，完成环保科技小镇、滨湖商贸区、S226 东产业区、世纪大道南区等规划修编工作，实现重点片区控制性详规覆盖率达 100%。深化环科城产业发展规划体系，完善和提升整体规划水平。

（2）高规格建设环保小镇

以环保科技城特色小镇为亮点、为重点、为抓手，尽快实现产城融合。环保特色小镇规划方案要坚持以环保特色产业的核心支撑，按照建设世界级小镇要求，在传承以往规划的基础上，突出生态主题，结合生态样板区创建，用世界级的眼光，妥善处理好社区、街区、孵化区和产业区“3+1”功能布局关系，按照“产业+文化+生态”的发展模式，提高建设品位，大手笔、高层次进行道路、景点改造，加快世纪大道、环保大道、宝瓶湖等重要节点的提升，在环保、生态特色上做出品牌，构建点线面一体的绿色碳汇体系，实现“人在园中、园在绿中”。环保特色小镇投资建设要坚持市场化路径，多元化手段推进，拓宽投融资渠道，引入社会资本，寻求大型央企、上市公司、资本机构等金融支持。环保特色小镇运营管理成立专门机构，采用城市化模式进行服务和管理。力争尽快建成在全省具有标杆示范作用的低碳循环的环保科技小镇。

（3）优化产业空间布局

实施“城市向西、产业向东”的布局策略，形成适应高质量发展的产业新布局。核心区重点沿环保大道发展环保产业，加强环保产业集聚效应，将环保大道打造为产业发展轴。向东以“环保”为主题，以节能环保产业为焦点，引进新业态产业落户，预留高技术产业发展空间，重点打造战略性新兴产业集聚区。向西充分利用大市区资源，以“科技”为主题，着重发展环境服务业，突出商业、文化、科技及其他创新性服务类业态的引入，适当考虑部分高新技术工业项目。

（4）加快片区建设

遵循“统筹规划、有序建设、集约开发”原则，加快片区建设步伐。围绕绿色生态、功能完善、商贸繁荣的定位要求，重点加快滨湖商贸区、绿地、五星级酒店等项目建设；按照资源集中、服务大众的原则，重点做好工业邻里中心建设，将其打造成一个居住功能完善、配套设施齐全，以单身公寓为主，能够满足 1 000～3 000 人居住和生活的产业配套社区。

9.3.2　加快环保产业提质增效，再创新辉煌

发掘烟气治理、水处理、土壤修复、固废综合利用等主导产业的发展优势，开展现有产业 3 年培育计划，重点打造能够开展区域、流域综合治理的环保全能型龙头企业，促进环保产业结构升级，效能效益提升，逐步形成“环保技术研发—环保产品和装备制造—环境设施运营服务”有机融合的全产业链。力争每年新开工亿元以上投资项目 10 个；年开票销售收入 10 亿元以上的企业 4 家以上，年开票销售收入 5 亿元以上的企业 8 家以上。

（1）加强环保高新技术研发

依托环科城产学研平台，鼓励企业、高校、科研机构把握国家政策和市场需求，加强环保科技重点领域技术研发，提高环保创新能力。

烟气脱硫脱硝技术研发。依托菲达环保、清新环境、科行环保、国电投远达、中创清源等企业，围绕大气治理装备制造，强化装备制造主机生产和总装优势环节，加快发展装备工业设计，鼓励重点领域烟气治理技术创新和装备制造。重点开展应用于钢铁、有色、水泥等重点行业的烟气处理技术、催化剂再生技术、脱硫系统关键设备、脱硝系统关键设备等相关研究。

水处理技术研发。依托万邦达、海普润、绿邦膜、南大华兴等企业，借助中科院生态环境研究中心和盐城环保科技城共建盐城高浓度难降解有机废水处理技术国家工程实验室、盐城海普润膜科技股份有限公司的环保高端水处理膜及组件研发和制造项目，重点研发工业废水处理、城镇污水处理、饮用水和中水制备、水体与生态修复等技术，开展水处理技术的研发和创新。

土壤修复技术研发。以污染场地修复为重点，开展土壤和修复关键技术、装备研发和生产制造。重点开展工业遗留场地土壤修复技术、农用地土壤修复技术等土壤修复重点发展技术的研发创新。

固体废物处理和资源再生技术研发。依托江苏道亚环境科技有限公司的固废处理成套设备研发制造项目、韩国爱友株式会社的可降解生物用品制造项目，重点研发生活垃圾与城市废物资源再生技术、固体废物无害化处置技术、固体废物污染控制技术、废弃物资源化、废旧用品再制造、城市矿产（再生资源）开发等，逐渐形成较为完整的资源循环利用技术体系，形成涵盖固体废物无害化处置、废弃物资源化、废弃物循环利用的完整技术链，在重点领域取得突破，并形成一批具有自主知识产权的核心技术。

（2）优化发展环保设备制造业

在环保高新技术创新的基础上，围绕大气治理装备、水处理设备、土壤修复设备制造等，强化装备制造主机生产和总装优势环节，加快发展装备工业设计。

废气控制新技术与装备制造。重点研发水泥、钢铁、炼焦、电石、电解铝、粮油加工等行业设备内部、设备间和企业间废气梯度利用减量化技术并示范推广；重视多污染物协同控制技术装备制造，利用高浓度有机废水、污泥中污染物作为脱硝脱汞原料，替代氨水、尿素等农肥脱硝脱汞技术装备等。

大气污染监测/检测技术与设备制造。重点发展固定源、移动源大气污染物监测/检测技术设备，如低浓度高含湿烟气细/超细颗粒物、NO_x、SO_2、SO_3以及硫酸雾、Hg、NH_3等大气污染物在线监测/检测设备；VOCs、恶臭等关键污染物排放在线监测/检测技术设备等。

水处理关键设备制造。结合水处理关键发展技术，鼓励开发水净化与污染治理装备，在集中污水处理、分散污水处理、污泥处理、饮用水处理、环境检测等领域，重点开发自动化设备、膜技术和设备等。

土壤修复设备制造。以污染场地修复为重点，发展土壤淋洗、高温热解析、土壤重金属污染快速检测、土壤污染在线监测等土壤修复重点设备制造，加快土壤修复技术的研发和转化、工程化实践的运用、修复和监测设备的研发应用。

（3）重点发展环境服务业

借助环科城现有环境工程技术公司、设备制造企业以及进驻高校、科研机构的优势，依托海瀛实业投资有限公司环保产业创新中心项目，推动产业链、创新链、资金链和政策链深度融合，打造“政、产、学、研、资、介、用”七位一体的创新生态平台，形成集环保科技技术开发推广应用，高成长型环保科技企业投资孵化，推动环保产业服务集聚发展的产业平台。提升环境技术服务、咨询服务、工程总包服务等方面的能力，做强环境服务业规模。

环境技术服务。按产业链和产业要素将环境工程技术公司、科研单位、设备制造企业组织起来，借助环保产业创新中心项目，大力发展技术检测认证、技术展示与交易，展示推广先进环保低碳技术。鼓励环境服务型企业走外向型发展之路，通过引进、消化、吸收和再创新，掌握环境服务核心技术和主导产品。

环境咨询服务。加快发展环境战略和规划咨询、环境工程咨询、环境技术和工程评价、清洁生产审核、重点行业环境保护核查、上市环保核查、环境产品认证、企业绩效评价、环保出口服务贸易咨询等专业化咨询服务业。培育发展企业环境顾问、环境监理、环境风险评价与损害评估、环境保险、环境审计、环境交易、环境教育普及与培训等新兴环境咨询服务业。

环保工程总包。整合环科城企业、高校、科研机构的力量，培育集开发、投融资、设计、设备制造或采购、工程总承包、运营于一体的大型专业环保公司或环保机构，重点培育能够开展区域或企业水、气、渣等多要素、全过程污染防治的综合环境服务的企业，打造生态环境综合服务的全产业链发展格局，提供环境问题整体解决方案。

环境金融服务。以海瀛实业投资有限公司为载体平台，以市场需求为导向，进一步扩大各种环境金融产品的规模，引导设立有利于环保产业和服务业发展的风险投资基金、融资担保基金等新型金融产品，实现环保产业和资本市场的充分结合，用金融和资本的力量大力推动环境服务企业发展壮大，支持企业“走出去”、做大做强、持续稳步自主发展。

9.3.3　着力引进新产业新业态新模式，激发新动能

围绕环保主题，依托盐城市新能源产业发展基础，大力发展节能低碳新能源产业，推进环保产业与信息技术的融合，培育“互联网+”等新业态产业，着力引进新产业新业态新模式，打造环科城新的经济增长点。每年引进亿元以上投资项目 10 个，其中 20 亿元以上企业至少 1 家，10 亿元以上企业 4 家；形成 2～3 个特色鲜明、创新能力强的新兴产业集群。

（1）加快发展节能低碳新能源产业

工业共性节能技术和装备。研发高效低氮燃烧器、智能配风系统等高效清洁燃烧设备和波纹板式换热器、螺纹管式换热器等高效换热设备；鼓励开发和生产工业煤粉锅炉及生物质成型燃料锅炉、稀土永磁无铁芯电机、高效储能设备等先进节能锅炉、节能电机和余热余压利用设备。

高端照明和家电节能技术和产品。重点培育江苏伯乐达集团和江苏日月照明电器有限公司等亭湖区节能照明龙头企业，大力发展 LED 封装和绿色照明产业，研发硅衬底 LED 高效照明产品核心材料和关键技术，重点突破智能照明系统、中高档节能灯饰灯具，加快空调、冰箱、电视机、热水器等智能控制、低待机能耗技术的研发应用。

建筑节能技术和装备。重点发展适合不同气候条件的轻质、高强、多功能墙体材料复合制品，防火复合板及防火复合板成套设备，节能门窗和节能屋面技术和产品，蓄能装置、高效节能低成本空调压塑机等暖通空调节能产品，空气源热泵、地能冷暖一体化设备、光伏建筑一体化技术和产品。扶持和引入一批重点建筑节能企业，打造绿色建材产业基地。

碳捕获和封存技术与装备。重点发展以二氧化碳为原材料的捕集利用技术，如目前已在油田开展的二氧化碳捕集驱油及封存技术、工业上二氧化碳捕集生产小苏打技术、半碳法制糖工艺技术等；研发洁净煤技术、生物质成型燃料利用技术。

碳交易服务。以上海环境能源交易所盐城分所等为基础建设盐城碳排放权交易中心平台，以创投中心和孵化器为载体，建设低碳技术交易和孵化园区，促进国际先进低碳技术孵化。着力引进美国、加拿大、北欧等清洁技术关联企业入驻环科城，建成集低碳技术研发、成果孵化、技术产品展示及交易于一体的园区。

新能源产业。打造新能源产业全产业链，主攻科技研发、核心部件、运维服务等高附加值环节。依托长三角产业技术研究平台和盐城环科城研发平台等研究机构，推进高效光伏电池和组件项目引进和建设，促进光伏发电向设备制造、能源物联网发展，强化智能微电网建设和利用；大力实施“新能源+”，重点发展海上风电机组、高效太阳能电池组件，推进中芬新能源江苏有限公司的秸秆干发酵制沼气及综合利用项目建设，大力发展生物质能。

（2）引进培育“互联网+”等新业态

“互联网+环保”产业。以科行环保云平台建设为抓手，加快环保产业与“互联网+”深度融合，积极培育环保智慧云平台，推动“互联网+”再造环保装备制造业，实现设计数字化、产品智能化、生产自动化和管理网络化；以互联网提升环境服务业，促进供应链管理等服务模式创新，培育新的商业模式和服务产品。

大数据产业。加速大数据应用服务市场化进程，大力发展基于大数据、云计算、物联网、新一代移动互联技术的环境信息服务业，建设面向环保装备制造、环境服务等领域的云计算中心和大数据服务平台，建设环科城云数据中心，对园区所有工程规划、景观设计和项目施工进行数据管理。

室内环保产品。依托启迪亚都（北京）科技有限公司的室内环境电器系列产品研发制造项目、西屋环境电器（江苏）有限公司的高端智能家电生产制造项目以及中科睿赛等相关企业，开拓室内智能环保产品市场。重点研发甲醛、苯系物、氨、氡等重要室内空气污染物的检测技术和过流式UV冷光杀菌灯、医疗级LED抑菌系统、矿化滤芯、反渗透膜等特色净水科技，提升新风系统、家用空气净化器、净水器、家用消毒机等常规环境电器的设备制造技术。通过网器间的互联互通、云平台数据共享，实现实时监控、提醒和预警室内环境的能力，为用户提供主动、全方位的服务，并与智能机器人、移动互联相结合，向高端化、功能化、智能化发展，打造高端环境电器品牌新标杆。

（3）培育发展核环保产业

依托中海华核电项目，力争在 3 年内，初步建立起核环保科研、设计、建造和运营体系，培养数百人的核环保专业队伍，形成部分核环保核心水平，建设配套完善的后处理研发中心、退役治理关键技术研发平台和辐射防护研发平台，打造一流“核创”基地。

重点掌握核设施退役及中低放废物处理处置等技术，建成动力堆乏燃料后处理中间试验厂和中低放废物处理生产线，能够完成核设施阶段性退役治理以及大部分铀矿地质核设施退役治理工作等。并从全产业链角度出发，在运维服务产业方面建成具有国际水准的核设施运行、检修、退役等一体化服务的专业化队伍，为核工厂提供非主工艺设施运行和辅助服务的整体化解决方案。

9.3.4　有序承接高技术产业转移，注入新活力

基于“科技含量高、综合效益好、带动能力强、成长潜力大、资源消耗少”的要求，重点围绕高端装备制造、新材料、新能源汽车等高新技术制造业实施专项攻坚行动，突出链式承接和集群，全面承接亭湖区、盐城市区高端装备、新型材料制造业，主动承接上海高新技术产业项目，形成具有核心竞争力的高新技术制造业产业集群。

（1）重点承接高端装备制造产业

按照龙头带动、高端嫁入的承接模式，以高端智能装备制造为引进方向，形成以智能制造装备为重点的行业集群。制定出台园区支持智能制造发展政策的实施细则，全力引进和承接科技含量高、带动能力强的重大产业链项目。瞄准欧美、日本发达国家和长三角、珠三角以及京津等高端装备制造发达地区，吸引一批具备国际竞争力的国内外知名企业入驻。吸引国内外优势企业将研发中心、维修服务中心和具有技术深度的加工组装等高端环节向区内转移，大力培育智能制造标杆企业。

机器人制造。围绕本体制造、系统集成、零部件生产等机器人产业链核心环节，逐渐形成技术与资本高地，吸引和承接一批有发展前景的项目与企业。对接长三角、珠三角和环渤海等机器人制造产业集聚区，与上海交科松江科创园、昆山高新区机器人产业园等园区开展交流合作，实现优势互补。引进国内外机器人龙头企业与知名研究机构，整合平台培育孵化小型机器人企业和初创公司，以点带面打造新型的机器人产业集群。推进苏州江锦自动化科技有限公司智能工业机器人研发制造项目尽快落地。

智能制造成套装备。重点引进培育系统解决方案供应商和软件开发商，招引和发展多元化、个性化、定制化智能硬件和智能化系统项目。推进关键技术装备、工业软件、工业互联网的集成创新和应用示范，加快开发一批适应市场需求的智能制造成套装备。

推动智能制造在盐城主导产业及各领域的应用，为下游阿特斯光伏电池、富乐德半导体等光伏、半导体、汽车生产企业提供产业配套条件。加快江苏兴泰实业集团智能电热机械设备制造、盐城市宝利来精密机械制造有限公司智能机械自动化装备生产、江苏阿贝罗智能家居有限公司智能环保家居等项目落地。

（2）大力引进新材料产业

按照技术主导、产学研合作的承接模式，围绕新一代信息技术、高端装备制造、节能环保、新能源汽车等产业的需求，大力承接和引进新材料产业项目，形成新型材料产业集群，打造全省极具特色和竞争力的新材料研发和生产基地。与发达国家和长三角、珠三角以及京津冀鲁等新材料产业集聚地区合作对接，开展技术研发合作和设立生产基地，吸引一批国际新材料领军企业入驻。

新能源汽车材料。引进高容量储氢材料、质子交换膜燃料电池及防护材料研发项目，实现先进电池材料合理配套。吸纳新型6000系、5000系铝合金薄板产业化制备技术项目，以及高强汽车钢板、铝合金高真空压铸、半固态及粉末冶金成型零件产业化项目，加快镁合金、稀土镁（铝）合金在汽车仪表板及座椅骨架、转向盘轮芯、轮毂等领域应用研发，扩展高性能复合材料应用范围，支撑全市汽车制造业轻量化发展。

节能环保材料。加快新型高效半导体照明、稀土发光材料技术开发，推进北京清新环境技术股份有限公司年产2万t节能新材料项目落地。大力发展稀土永磁节能电机及配套稀土永磁材料、高温多孔材料、金属间化合物膜材料、高效热电材料，推进在节能环保重点项目中应用。开展稀土三元催化材料、脱硝催化材料质量控制等技术研发，加快江苏恒瀛环保科技发展有限公司的环保新材料制造项目、盐城海普润科技股份有限公司的环保高端水处理膜和瑞图控股（中国）有限公司的新材料研发及制造项目建设。

（3）壮大新能源汽车产业

按照关键技术、配套支撑的承接模式，以新能源汽车关键零部件为承接重点，引进和培育一批具有国际竞争力的新能源汽车关键零部件配套生产龙头企业，打造全省重要的新能源汽车研发生产基地。

依托盐城悦达起亚汽车及相关企业的基础优势，重点发展插电式混合动力汽车配套部件、纯电动汽车配套部件、燃料电池汽车配套部件。围绕动力电池产业链，促进动力电池技术研发，突破电池成组和系统集成技术，加快推进高性能、高可靠性动力电池生产、控制和检测设备项目，力争使新能源汽车关键零部件（包括动力电池）进入全球新能源汽车供应链。

9.3.5 探索招商新方式，以优质服务筑巢引凤

坚持“项目为王”理念，全力招引重大项目，结合产业调整定位，重新编制产业招

商路线图，完善招商政策，吸引大（大项目）、链（产业链）、绿（高效率）、新（高新技术产业）入驻。同时，全面加强招商队伍建设，切实提升招商引资工作质量和水平，不断提升服务意识，培育高端产业集聚，形成发展新动能，努力让环科城项目建设再上新台阶、实现新突破。

（1）树立集约招商理念

转变招商思路，围绕不求“纯而又纯”但求“更有贡献”的思想，绘制招商地图，按图索骥，重点攻坚，切实把招商重点放在引进影响力大、带动力强的大项目、高科技项目上。

完善招商项目评估制度，从多方面对项目进行评估，将政策优惠向投资强度高、科技含量高、税收贡献高的“三高”项目倾斜，严把项目准入关，严格执行新上项目亩均投资强度标准，强化项目经济效益、社会效益、生态效益评审。持续推进“三项清理”行动，积极盘活存量建设用地，引导企业增资扩股、扩能增效、兼并重组，对停产、半停产的“僵尸”企业和纳税微小、无贡献的企业，依据规定、约定进行“腾笼换凤”。

（2）建立专业化招商模式

打造一支专业招商队伍，精心招揽和培训年纪轻、有经验、懂政策、善谈判、富激情的专业人员，充实招商队伍，组建合理的驻外招商专业团队。

完善招商队伍的工作考核方式，建立完备的招商服务机制、招商激励机制、招商管理机制等，形成定向、定人、定任务的工作格局，对招商有实绩的人员加大奖励力度，优先提拔使用，调动广大干部职工招商引资积极性。

大力挖掘引资潜力，及时捕捉招商引资信息，大力宣传园区政策优势、区位优势、资源优势，在互联网上发布招商引资信息，做到全面“撒网”，重点“逮鱼”，结合自身实际，围绕重点产业和资源优势，有针对性地对外推介招商引资项目，实现多元化招商。

搭建信息交流平台，促进落户企业之间的产业配套衔接，推进产业链招商、以商招商，按照接轨上海的工作思路，制定重点突出的招商规划，形成统筹环科城的强产业、补短板规划，发挥上海、北京、深圳等招商驻点作用，提高招商效率，确保招商成效，突破重大项目。

（3）实现招商项目全过程服务

加强全过程服务过程的组织领导，强化科级干部挂钩服务机制、重大项目会战机制、帮办协调机制的执行，成立重点项目跟踪服务领导小组，领导干部牵头负责加强与责任单位协调配合，了解重大项目建设进度，协调处理重大项目建设过程中的具体问题，并组织专业人员及时提供政策、技术等方面的指导和帮助。

成立专业服务队伍，全力支持重点工程的建设，从项目签约、筹建、证照手续办理、生产准备、投产经营等全过程实行跟踪服务，确保在建项目的建设进度，对已竣工生产项目做好生产经营环节服务。

建立专人专职提供招商全过程服务的模式，定向跟踪服务，优化服务环境，盯牢亿元以上项目开工建设、竣工投产两大关键，设立重点项目建设现场指挥部，实行现场会办会商、帮办协调机制，全力加快项目建设，促进项目早落地、早开工、早投产。

（4）深化重大项目建设和链式招商

重点建设装备制造、工程总承包、环保服务、市场交易、创新平台、教育培训、国际合作全产业链，打造中国节能环保产业“硅谷”。

① 环保装备制造：重点发展燃煤电厂、钢铁和建材等行业装置脱硫、脱硝、除尘高效处理工艺和设备。研发制造大型袋式除尘设备、大型脱硫脱硝、有机废气净化装置、汽车尾气净化装置、催化剂、大气污染治理装备系统。

② 工程总承包：重点建设紫光吉地达脱硫脱硝环保工程总承包、中建材工程总承包平台等一批示范项目，加快环保制造业服务化新业态的发展，提升环保科技城在环保领域工程承包、设计研发、装配制造、工程施工、工程运营等领域的核心竞争力，促进环保装备产业向下游延伸。

③ 环保服务：重点发展集融资、设计、设备成套、安装、调试和运行服务为一体的环境工程总承包及化工园区污染治理运营服务，大力推进清洁生产审核、环境管理认证、环境监理监测、排污权交易等服务。

④ 市场交易：重点推进新型环保材料交易市场和碳排放交易市场项目，进行环保权益（碳排放、技术产权、合同能源管理等）项目的能源交易，实现新型环保材料线上线下实时交易。

⑤ 创新平台：重点建设东南大学脱硫脱硝研发中心、同济大学城市污染国家控制实验室等国家级创新平台，国内知名高校环保研发团队、核心技术成果、高端产业进一步向园区集中，力争建成全国一流的环保协同创新中心。

⑥ 教育培训：重点建设全省知名的环保职业技术学院和省内软硬件最好的环保专业培训基地，与北京大学、清华大学、南京大学、哈尔滨工业大学等国内名牌高校合作，共同联合办学，培养实用型、应用型高端环保专业技术人才，为全省乃至全国环保产业管理干部和专业人才提供在职培训教育。

⑦ 国际合作：吸收和引进国际先进的大气过滤方面的新技术、新产品、新信息，为园区的环保产业进入国际市场提供发展机遇。促进北欧、日本、美国等国际先进技术向园区转移。

9.3.6 加强科技创新，提升创新效益

坚定“科技引领、创新驱动”发展思路，集聚创新资源、做强创新载体、释放创新

效益，构建以“两所两室一中心”为核心的绿色创新体系，凝聚科技创新合力，畅通科技成果转化渠道，放大科技创新效应。引进和建设风投基金、股权投资、融资担保等资本机构，实现产业链、创新链、资本链深度融合。

（1）提升协同创新能力

深化产学研合作。充分利用现有产学研合作平台，深化科研主体之间、科研主体和实体企业之间的沟通交流。强化现有科研机构与企业，特别是规模以上企业的合作创新和创新合作，推动科研机构走出实验室，在生产一线推进技术成果应用。为科研主体提供平台、政策、资金、时间，加大研发载体培育力度，启动中澳土壤修复中心建设，在重点培育两个国家工作室及即将加入和已经加入的省产业研究院两个研究所的基础上，在大气治理、水处理、土壤修复方面各培育创树 1～2 个有全球知名度和影响力的重点研发机构。

凝聚创新主体合力。以组建中环城绿色环保产业创新战略联盟为契机，搭建环保产业研发合作平台，建立技术研发合作机制，集聚大院、大所、大学科研机构之合力，整合清华大学、南京大学、同济大学、中科院过程所、中国环境科学研究院、中建材环保研究院等科研机构资源，互通有无，互相支持，推动技术和成果的有效利用。积极引导科研机构参与国家科技课题、专项，参加行业标准的制定以及申报国家级 CNAS 实验室认证。

创新环境治理整体解决方案。推进省级环保产业创新中心落地，建成国际环境治理诊疗中心，为区域、流域环境治理提供整体解决方案。创新环保产业发展商业模式，将入驻企业、引进人才、自创技术和投融资本等诸要素在协同机制下整合，通过诊疗中心的形式构建为国际、国内区域环境治理提供系统的、“一揽子”解决方案，包含勘察调研、工艺设计、设备制造、工程建设、运营管理及投融资等链条式全方位的环境治理诊疗服务。

（2）推动孵化平台培育

打造战略性新兴产业超级孵化器。建设各类创新创业孵化器、加速器，加快形成“孵化器—加速器—产业园”一条龙产业孵化体系。探索建设一批低成本、便利化、全要素、开放式的新型孵化平台，完善“互联网+创业”服务体系，发展众创、众包、众扶、众筹等新模式，加快众创空间、创新工场等新型网络创业孵化器建设。储备一批系统集成技术、行业关键共性技术、节能低碳技术入驻孵化器。加强对技术的孵化和引导，积极引进基金、创投、风投等社会资金，加快成果孵化、转化、产业化、资本化。扎实推进标准厂房及配套设施建设，深入实施“标杆管理”“小升规”工程。每年新入孵企业 50 家以上，毕业企业 40 家以上。

扶持环保产业孵化成长平台。大力扶持绿巢环保创业大赛，加大对创新创业大赛的资金投入，提升大赛的层次和水平，提高获奖项目奖金额度，吸引更多全球环保最先进技术和项目参与角逐；在参赛项目特别是获奖项目中遴选适合在园区落户孵化的项目，有针对性地完善招商引资指导性意见，加大政策倾斜力度，留住顶尖技术项目；搭建园区企业与大赛平台的互动载体，让企业在参赛项目中获取信息资源，让参赛技术和项目找到合适的孵化土壤，借助企业的资金实力、市场拓展能力迅速从技术孵化过渡到产业化。

（3）促进科技成果转化

加大科技成果产业化扶持力度。加快推动重大科技成果产业化、工程化应用，完善科技成果转化的利益分成、分享机制和激励政策。鼓励研究开发机构、高等院校通过转让、许可或者作价投资等方式，向企业转移科技成果。鼓励科研团队带成果带项目整体转化，探索“技术引进—消化吸收—转化扩散”的成果转化方式，实现创新资源最大产出。帮助清华大学中创清源拓展市场、扩大产能、形成规模，持续推进中科院地环所、北京综合研究中心等科研单位的研发成果产业化进程。

打通科技成果转化渠道。尽快启动中环城绿色环保产业创新战略联盟运行，整合现有科研平台和科技孵化器及众创中心资源，逐步向市场化过渡，在联盟内部建立知识产权分享机制，实现研发成果的快速转化和产业化。积极依托现有企业驻外市场资源，搭建市场通道，由园区创新技术联盟进行技术对接，加速推动企业科技成果转化。搭建科技成果转化、应用、服务平台，畅通成果转让方与受让方信息交流和成果交易渠道。建立节能环保信息技术和展示平台，举办节能环保技术（产品）推广会。建立环保技术产品交易平台，建成新型环保材料交易市场。提升环保产业网上交易平台的功能，发挥碳排放、排污权交易点的作用，大力发展电子交易，促进金融信息系统、线上线下交易系统互联互通。

（4）吸纳资本助推创新

畅通投融资渠道。加大对科技企业争取财政贴息、税收返还、财政奖励等政策扶持。制定出台金融机构入驻优惠政策，积极引进和建设风投基金、股权投资、融资担保等资本机构，为科技企业提供投融资服务。引入知名风险投资和私募股权投资等投资机构，推进多形式融资渠道建设。经信委、金融办搭建科技金融对接平台，促进园区、科研机构、科技创新孵化与更多银行、担保、保险、创投等金融资源合作。举办高新技术产业创业投资大会，组织投融资机构与科技企业对接、签约。

创新投融资模式。整合优化外部资本，推广市政项目收益债券、绿色债券融资等新型金融模式。探索融资新模式，建立“投资+孵化”市场化运营新机制，组建“金融+产业”的产业型金融公司，创新“基金+基地+产业”基金模式。完善科技企业创新能力评价指标体系，引导投融资机构关注高技术成果投资价值和科技企业增值效益，针对科技中小企业创新创业、天使期、初创期、成长期、成熟期、产业化项目的不同融资需求主体，提供全生命周期的投融资服务。

探索高新技术产业风险投资机制。设立高新技术产业风险资金或风险基金，建立风险担保公司和风险投资公司，尝试推行包括私募股权、产业基金、种子基金的新型资本模式，以科技型中小企业为主要扶持对象，对技术创新项目和技术成果转化项目提供风险担保和风险投资。

9.3.7 加强基础设施建设，实现生态文明新突破

（1）完善市政基础设施建设

加快完成现有道路改造提升工程，完成纵向道路连接世纪大道工程，同步配套水气讯、强弱电、雨污管网、亮化美化等设施。完成康复医院、幼儿园等建设，将环科城实验学校划入解放路教育集团，完善人文、教育、休闲、健康、养老等配套服务功能，扩大优质公共服务资源覆盖面，提升社会服务功能。做足“水”“绿”文章，完成三星河、新民河等水系沟通整理和沿湖绿化提升工程，推进环保小镇道路、景点改造，完成环保小镇重要节点宝瓶湖中央公园建设任务。

（2）推进环境基础设施建设

落实环保优先方针，加大环保基础设施投入，全面推进循环化、低碳化、生态化改造，确保环境保护与产业发展同步推进。提升污水处理厂、易腐垃圾处理中心等公用设施运行处理能力，加快完善工业邻里中心、高端人才社区等环保小镇核心区域的环境基础设施建设，增强配套功能，着力打造绿色发展新园区。

（3）打造智能化城市信息基础设施

对园区管线规划和建设进行平台管理，条件具备时，建设园区光纤数据管廊。深入推进网络基础设施光纤化，促进城乡宽带普及提速。鼓励支持电信运营商和企业设立热点区域免费 Wi-Fi。推动互联网、电信网、广电网“三网融合”。推动政务信息网络升级，完善网络协同办公系统和视频会议系统，实现政务移动办公。健全政务信息资源数据库，推进各部门动态信息和决策服务信息的接入整合，提升档案数字化管理水平。深化文化资源共享工程，加快文化资源数字化进程。推广使用公交车辆智能定位设备和公交电子站牌，实现公交车辆的智能调度和运营信息实时发布。

（4）抓公共服务促民生改善

推进标准化社区居家养老服务中心、社区卫生服务中心以及“儿童关爱之家”建设。在试点的基础上，全面开展失地农民土地保障工作。配合教育部门着手启动环科城实验学校二期工程。落实 20 km 健身步道建设工作，不断提升公共服务均等化水平。

（5）抓社会管理促安全稳定

强化安全生产，筑牢安全监管网，严格落实安全生产 3 个主体责任，全面启动双重预防机制，加强安全标准化运行培训，重抓安全隐患整改，开展实战演练，确保安全生产形势持续稳定。强化信访稳定，重点解决闽盛工业材料城、两个农民资金互助社等问

题，确保不留后患。

（6）抓综合治理促社会和谐

打好精准脱贫攻坚战，降低扶贫脱贫的系统风险，逐步消除贫困个体，维护社会大局稳定。积极筹集棚改资金，规范征收搬迁行为，加快推进安置小区建设，让安置群众早日搬进新房，圆百姓的“安居梦”。

9.3.8 强化组织保障，提高园区管理能力

（1）强化组织领导

成立环科城“三年行动”工作领导小组，做好本行动计划的组织实施工作，制定实施意见，协调解决建设、发展中的突出问题。按照细致分解任务、落实工作责任、明确奖惩措施要求，建立三年行动计划目标考核体系，并将全体工作人员收入真正与岗位职责、工作业绩挂钩，实行灵活的薪酬分配制度，进一步增强完成各项工作目标的责任感、紧迫感和使命感，推动工作效率提升，形成全面、协调、可持续发展的导向激励体制。

（2）深化体制改革

深化行政管理体制改革，以“放权、严管、服务”为重点方向，推动政府职能转变，清理规范行政审批和公共服务事项，减少审批事项、简化审批程序，加强事中事后监管，推进网上办理和电子监察。优化提升“五个一”工作机制，积极推行班子成员、科级干部主动认领挂钩、组织推荐委派挂钩制度，成立项目挂钩服务组，对列为市、区两重项目及“3+3”项目实施全方位、全过程、零缝隙、保姆式服务。建立健全联合督查机制，对未开工项目和在建项目实行“日问询、周督查、旬通报、月考核”工作机制，继续推行月度督查通报制度，定量考核项目，以严格的督查、严肃的通报、严厉的问责，全力推动项目建设进程。建立闲置土地清理处置常态化机制，对停产、半停产的“僵尸企业”和纳税微小、无贡献的企业进行清退。

（3）创新保障机制

创新协调机制，打破中层干部个人分工负责范围和部门界限，将环科城变成一个大部门，所有人都变成办事员，放下身段、破除壁垒、强化沟通、统一行动，围绕三年行动计划安排，狠抓工作任务的贯彻落实；创新决策机制，在区委、区政府的领导下，强化党工委、管委会集中决策机制的落实，对工作推进中的问题，坚决执行共同决策机制，杜绝各自为政现象；创新保障机制，加强力量、高位运作、创新思维、科学有序地组织攻坚，全力攻克配套资金、土地指标、规划空间等各项要素“瓶颈”，保证各项会战顺利实施。

（4）完善政策体系

全面梳理现有产业政策和其他相关政策，进一步优化整合，突出重点，着力解决制

约规划建设的重点难点问题。重点研究制定加强规划管理、基础设施与公共服务建设、行政审批等政策措施，集中政策资金投向产业升级、技术创新、公共平台建设等，优先支持带动产业发展全局、引领未来发展方向的重大创新类攻关项目。同时，大力争取市、区支持，出台专项扶持政策。努力提高政策管理水平，指导辖区企业用足用好各项扶持政策，切实提高扶持资金的使用效率。

（5）加强招才引智

强化人才支撑。简化人才引进手续，制定优惠政策，建立人才引进专项资金，优化人才发展环境，提升工作待遇，完善激励机制，吸引多方面人才落户。建立人才共享机制，加快区域人才一体化平台建设，制定发布急需专业人才目录，有针对性地从国内外引进人才和智力，建立人才市场网络和数据库。出台专门政策，鼓励和支持高等院校、科研机构中的管理和科技人才到环科城兼职，实现人才“柔性流动”。组织选派基础好、创业能力强、发展潜力大的现有人才到国内外著名高校、研究机构和跨国公司培养深造，逐步建立起骨干人才队伍。

参考文献

[1] Sinclair D B.The environmental goods and services industry[J]. International Review of Environmental & Resource Economics，2008，2（2）：69-99.

[2] 国务院环境保护委员会. 关于积极发展环境保护产业的若干意见[J]. 中华人民共和国国务院公报，1990（26）：962-972.

[3] 徐嵩龄. 世界环保产业发展透视：兼谈对中国的政策思考[J]. 管理世界，1997（4）：177-187.

[4] 王劲峰. 环保产业概念的演变与拓展[J]. 重庆社会科学，2011（10）：24-28.

[5] 王仲成，官秀玲. 关于我国环保产业内涵的界定[J]. 林业经济，2005，1（24）：35-37.

[6] 刘金. 浅议“环保产业”[J]. 商业文化月刊，2015（23）：60-63.

[7] 刘晓静. 中国环保产业定义与统计分类[J]. 统计研究，2007，24（8）：22-25.

[8] 董战峰，吴琼，周全，等. 建立基于 EGSS 的中国环保产业统计框架的思路[J]. 中国环境管理，2016，8（3）：65-72.

[9] 朱建华，逯元堂，吴舜泽. 中国与欧盟环境保护投资统计的比较研究[J]. 环境污染与防治，2013，35（3）：105-110.

[10] 徐波. 中国环境产业发展模式研究[M]. 北京：科学出版社，2010.

[11] 高明，洪晨. 美国环保产业发展政策对我国的启示[J]. 中国环保产业，2014（3）：51-56.

[12] 环境保护部，发展改革委，统计局. 2011 年全国环境保护相关产业状况公报[J]. 中国环保产业，2014，No.191（5）：4-9.

[13] 樊宇，吴舜泽，赵云皓，等. 中国与国外环境保护统计方式与内容比较[J]. 统计与决策，2015（21）：4-7.

[14] 王小平，王月波，贾琳琳. 环保产业园区发展的战略及实施路径选择——基于对环保产业园区发展特征分析[J]. 价格理论与实践，2016（10）：144-147.

[15] 国冬梅. 美国环保产业发展战略分析与启示[J]. 环境保护，2004（6）：54-58.

[16] 王婧. 全球环保产业发展形势分析与展望[C]. 国际经济分析与展望（2016—2017）：中国国际经济交流中心，2017：306-317.

[17] Eurostat Statistics [EB/OL]. https://ec.europa.eu/eurostat/web/environment/environmental-protection.

[18] Mok K L，Han S H，Choi S．The implementation of clean development mechanism（CDM）in the construction and built environment industry[J]．Energy Policy，2014，65（2）：512-523.

[19] 杨丽，付伟. 国外环保产业的发展概况及启示[J]. 中国环保产业，2018（10）：26-30，35.

[20] 王永超，穆怀中，陈洋. 环保产业分阶效应及发展趋势研究[J]. 中国软科学，2017，No.315（3）：17-26.

[21] 易斌，黄滨辉，李宝娟. 砥砺奋进：中国环保产业发展 40 年[J]. 中国环保产业，2019（1）：13-20.

[22] 吴舜泽，逯元堂，赵云皓，等. 第四次全国环境保护相关产业综合分析报告[J]. 中国环保产业，2014（8）：4-17.

[23] 裴莹莹，薛婕，罗宏，等. 中国环保产业园区发展模式研究[J]. 环境与可持续发展，2015，40（6）：47-50.

[24] 赛迪顾问股份有限公司. 中国环保产业分布特征及发展趋势[J]. 水工业市场，2011（9）：31-35.

[25] 刘乃全，吴友，赵国振. 专业化集聚、多样化集聚对区域创新效率的影响——基于空间杜宾模型的实证分析[J]. 经济问题探索，2016（2）：89-96.

[26] Marshall A. Principles of economics [M]. London and New York：Macmillan，1590.

[27] Arrow K J. Economic welfare and the allocation of resources for invention [J]. Nber Chapters，1972：609-626.

[28] Arrow K J. Social choice and individual values [M]. New York：Wiley，1951.

[29] Scott A J. Industrial organization and location：division of labor，the firm，and spatial process [J]. Economic Geography，1986，62（3）：215-231.

[30] Rosenfeld S A. Bringing business clusters into the mainstream of economic development，European planning studies [J]. European Planning Studies，1997，5（1）：3-23.

[31] Yamasaki H. The evolution and structure of industrial clusters in Japan [J]. Small Business Economics，2002，18（1-3）：121-140.

[32] Jacobs J. The economy of cities [M]. The economy of cities：Random House，1969.

[33] Porter M E. Clusters and the new economics of competition [J]. Harvard Business Review，1999，76（6）：77.

[34] 王缉慈. 创新的空间——产业集聚与区域发展[M]. 北京：北京大学出版社，2001.

[35] 聂鸣，李俊，骆静. OECD 国家产业集群政策分析和对我国的启示[J]. 中国地质大学学报（社会科学版），2002，2（1）：40-43.

[36] Romer P M. Increasing returns and long-run growth [J]. Journal of Political Economy，1986，94（5）：1002-37.

[37] Sweeney S H，Feser E J. Plant size and clustering of manufacturing activity [J]. Geographical Analysis，1998，30（1）：45-64.

[38] Krugman P，Venables A J. Globalization and the inequality of nations[J]. Quarterly Journal of Economics，1995，110（4）：857-880.

[39] Berry W D，Hanson R L. Measuring citizen and government ideology in the American states，1960-1993[J]. American Journal of Political Science，1998，42（1）：327-348.

[40] 殷广卫. 新经济地理学视角下的产业集聚机制研究[D]. 天津：南开大学，2009.

[41] Weber A. The Theory of the location of industries [M]. Chicago：Chicago University Press，1929.

[42] Fujita M，Krugman P. When is the economy monocentric：von Thünen and Chamberlin unified [J]. Regional Science & Urban Economics，1995，25（4）：505-528.

[43] Cavaliero G. The land of lost content：Henry Williamson，Llewelyn Powys [M]. The Rural Tradition in the English Novel，1977.

[44] 陈振汉，厉以宁. 工业区位理论[M]. 北京：人民出版社，1982.

[45] Perroux F. Economic space：theory and applications [J]. Quarterly Journal of Economics，1950，64（1）：89-104.

[46] 马克思. 马克思《资本论》：选读本[M]. 北京：中国经济出版社，2001.

[47] 杨小凯. 经济学原理[M]. 北京：中国社会科学出版社，1998.

[48] 汪斌，董赟. 从古典到新兴古典经济学的专业化分工理论与当代产业集群的演进[J]. 学术月刊，2005（2）：29-36.

[49] 钱学锋，梁琦. 分工与集聚的理论渊源[J]. 江苏社会科学，2007（2）：70-76.

[50] 贺灿飞. 中国制造业地理集中与集聚[M]. 北京：科学出版社，2009.

[51] 郭曦，郝蕾. 产业集群竞争力影响因素的层次分析——基于国家级经济开发区的统计回归[J]. 南开经济研究，2005（4）：34-40.

[52] 王洁. 产业集聚理论与应用的研究[D]. 上海：同济大学，2007.

[53] 贺灿飞，谢秀珍. 中国制造业地理集中与省区专业化[J]. 地理学报，2006，61（2）：212-222.

[54] 黄孟强. 产业集聚评价的实证研究——基于江西九江的经验数据[J]. 金融与经济，2011（12）：73-75.

[55] 薛东前，张志杰，郭晶，等. 西安市文化产业集聚特征及机制分析[J]. 经济地理，2015，35（5）：92-97.

[56] 袁海红，张华，曾洪勇. 产业集聚的测度及其动态变化——基于北京企业微观数据的研究[J]. 中国工业经济，2014（9）：38-50.

[57] 李佳洺，张文忠，李业锦，等. 基于微观企业数据的产业空间集聚特征分析——以杭州市区为例[J]. 地理研究，2016，35（1）：95-107.

[58] 刘春霞. 产业地理集中度测度方法研究[J]. 经济地理，2006（5）：742-747.

[59] 徐康宁，冯春虎. 中国制造业地区性集中程度的实证研究[J]. 东南大学学报（哲学社会科学版），2003，5（1）：37-42.

[60] 罗勇，曹丽莉. 中国制造业集聚程度变动趋势实证研究[J]. 统计研究，2005，22（8）：22-29.

[61] 路江涌，陶志刚. 中国制造业区域聚集及国际比较[J]. 经济研究，2006（3）：103-114.

[62] Honkasalo N，Rodhe H，Dalhammar C. Environmental permitting as a driver for eco-efficiency in the dairy industry：A closer look at the IPPC directive [J]. Journal of Cleaner Production，2005，13（10-11）：1049-1060.

[63] Poikela K，Pongrácz E，Lehtinen U. Business potential from waste in the Oulu environmental cluster [M]. Oulu，Oulu University Press. 2006.

[64] Røyne F，Berlin J，Ringström E. Life cycle perspective in environmental strategy development on the industry cluster level：A case study of five chemical companies [J]. Journal of Cleaner Production，2015，86：125-131.

[65] 冯慧娟，裴莹莹，罗宏，等. 论我国环保产业的区域布局[J]. 中国环保产业，2016（3）：11-15.

[66] 牛桂敏. 促进我国环境产业发展的政策取向[J]. 天津行政学院学报，2002，4（4）：38-41.

[67] 刘嘉，秦虎. 美国环保产业政策分析及经验借鉴[J]. 环境工程技术学报，2011，1（1）：87-92.

[68] 李碧浩，张建良. 节能环保服务业集群化发展的动力与模式研究[J]. 上海节能，2012（2）：15-19.
[69] 付永红. 环保产业集聚绩效影响因素研究[D]. 南京：南京财经大学，2011.
[70] 陈旭. 环保产业集聚发展动力及其评价体系研究[D]. 哈尔滨：哈尔滨工业大学，2013.
[71] 王伟林. 发展环保产业集群，增强龙岩经济竞争力[J]. 开放潮，2005（1）：62-62.
[72] 黄静晗，谭文华. 福建省环保产业集群培育和发展研究[J]. 福建农林大学学报（哲学社会科学版），2005，8（4）：47-49.
[73] 汪秋明，陶金国，付永红. 环保产业集聚绩效影响因素的实证研究——基于宜兴市环保产业集聚企业调查问卷数据[J]. 中国工业经济，2011（8）：149-158.
[74] 吴舜泽，朱建华，逯元堂，等. 我国环境保护投资与宏观经济指标关联的实证分析[C]. 中国环境科学学会2009年学术年会论文集（第四卷），2009：66-79.
[75] 王金南，逯元堂，吴舜泽，等. 环保投资与宏观经济关联分析[J]. 中国人口•资源与环境，2009，19（4）：1-6.
[76] 环境保护部科技标准司. 环保产业数据手册[R]. 北京：中国环保产业协会，2015.
[77] 刘恒江，陈继祥. 国外产业集群政策研究综述[J]. 外国经济与管理，2004，26（11）：36-43.
[78] 尚杰，李大全. 环保产业市场化驱动力分析[J]. 学习与探索，2007（4）：147-149.
[79] 张世秋. 中国环保产业发展和理论研究的障碍分析[J]. 中国软科学，2000（11）：4-7.
[80] 连志东. 环保产业发展影响因素的理论分析与实证研究[J]. 环境科学研究，2009，22（5）：627-631.
[81] 闫逢柱，苏李，乔娟. 产业集聚发展与环境污染关系的考察——来自中国制造业的证据[J]. 科学学研究，2011，29（1）：79-83.
[82] 尹君，刘朝旭，徐栋，等. 世界发达国家环保产业政策及启示[J]. 创新科技，2016（5）：17-20.
[83] 高明，黄清煌. 基于产业链视角下我国大气污染治理产业分析[J]. 理论学刊，2014（4）：49-54.
[84] 邬娜，傅泽强，王艳华，等. 大气环保产业链分析与对策建议[J]. 环境工程技术学报，2018，8（3）：319-325.
[85] 刘贵富. 产业链基本理论研究[D]. 长春：吉林大学，2006.
[86] 冯长利，兰鹰，周剑. 中粮“全产业链”战略的价值创造路径研究[J]. 管理案例研究与评论，2012，5（2）：135-145.
[87] 余振养. 服装全产业链利益分配问题的Shapley值法分析[J]. 商，2015（46）：276-277.
[88] 崔亚浩. 基于全产业链的纺织企业“走出去”战略研究[D]. 郑州：中原工学院，2015.
[89] 胡琳曼. 乐视网全产业链运作模式研究[D]. 长沙：湖南师范大学，2015.
[90] 陈柏熹. 以产业链的视角看环保产业的财税政策[D]. 广州：广东财经大学，2016.
[91] 高明，黄清煌. 基于产业链视角下我国大气污染治理产业分析[J]. 理论学刊，2014（4）：49-54.
[92] 国家环境保护总局. 2000年全国环境保护相关产业状况公报[J]. 环境保护，2002（1）：8-11.
[93] 中国环境保护产业协会电除尘委员会. 电除尘行业2015年发展综述[J]. 中国环保产业，2016（7）：16-25.
[94] 中国环境保护产业协会电除尘委员会. 电除尘行业2015年发展报告[C]. 中国环境保护产业发展报告，2016.

[95] 中国环境保护产业协会脱硫脱硝委员会. 我国脱硫脱硝行业 2016 年发展综述[J]. 中国环保产业，2017（12）：5-18.
[96] 中国环境保护产业协会脱硫脱硝委员会. 脱硫脱硝行业 2016 年技术发展概述[J]. 中国环保产业，2017（10）：5-15.
[97] 陈致中. 宏基“微笑曲线”[J]. 东方企业家，2004（4）：88.
[98] Pietrobelli C，Rabellotti R. Global value chains meet innovation systems：are there learning opportunities for developing countries？[J]. World Development，2011，39（7）：1261-1269.
[99] 左茜. 我国环保产业发展历程与新常态下的创新体系[J]. 科技管理研究，2016，36（21）：263-266.
[100] 裴莹莹，杨占红，罗宏，等. 我国发展节能环保产业的战略思考[J]. 中国环保产业，2016（1）：13-18.
[101] 林婷婷. 产业技术创新生态系统研究[D]. 哈尔滨：哈尔滨工程大学，2012.
[102] Andonov，V. Mobile Phones，the Internet and the institutional environment [J]. Telecommunications Policy，2006，30（1）：29-45.
[103] Henunert，M. The influence of institutional factors on the teleology acquisition performance of high-tech firms：survey results from Germany and Japan [J]. Research Policy，2004，33（6）：1019-1039.
[104] Henisz W J. The institutional environment for economic growth [J]. Economics and Politics，2000（12）：1-31.
[105] 庄卫民，龚仰军. 产业技术创新[M]. 上海：东方出版中心，2005.
[106] 史清琪，尚勇. 中国产业技术创新能力研究[M]. 北京：中国轻工出版社，2000.
[107] 吴友军. 产业技术创新能力评价指标体系研究[J]. 商业研究，2004（11）：27-29.
[108] 李荣平，李剑玲. 产业技术创新能力评价方法研究[J]. 河北科技大学学报，2003，24（1）：13-18.
[109] 陈宝明. 我国产业技术创新能力评价指标体系研究[J]. 科技和产业，2006，6（11）：22-25.
[110] 吴友军. 对我国 IT 产业技术创新能力的探讨[J]. 中国软科学，2003（4）：105-111.
[111] 张倩男，赵玉林. 高技术产业技术创新能力的实证分析[J]. 工业技术经济，2007，26（4）：21-25.
[112] 李玉琼，李杨，阎媛，等. 产业创新链系统协同度测量研究[J]. 价值工程，2017，12：84-86.
[113] 于斌斌. 基于进化博弈模型的产业集群产业链与创新链对接研究[J]. 科学学与科学技术管理，2011（11）：111-117.
[114] 朱瑞博. “十二五”时期上海高技术产业发展：创新链与产业链融合战略研究[J]. 上海经济研究，2012（7）：94-106.
[115] 邢超. 创新链与产业链结合的有效组织方式——以大科学工程为例[J]. 科学学与科学技术管理，2012，33（10）：117-119.
[116] 于军. 促进资本链创新链产业链融合发展[J]. 中国高校科技，2013（10）：80.
[117] 贺晓宇. 中国低碳产业发展路径研究——基于产业链与创新链融合的视角[J]. 科学学研究，2013，22（3）：317-321.
[118] 蔡坚. 产业创新链的内涵与价值实现的机理分析[J]. 技术经济与管理研究，2009（6）：53-55.
[119] 蒋洪强，张静. 环境技术创新与环保产业发展[J]. 环境保护，2012（15）：31-34.
[120] 赵兰香. 知识、决策与技术创新效率[J]. 科学学研究，1999（12）：53-56.

[121] 池仁勇. 企业技术创新效率及其影响因素研究[J]. 数量经济技术经济研究，2003（6）：105-108.
[122] Munro H，Noori H. Performance of Canadian companies due to technology adoption [R]. Paynyham：TAFE National Centre for Management Research and Development，1988：67-74.
[123] Rousseau S，Rouseau R. The scientific wealth of European nations：taking effectiveness into account[J]. Scientometrics，1998，42（1）：75-87.
[124] Bobe B，Bobe B. Benchmarking innovation practices of European firms[R]. Seville：Joint Research Centre European Commission，1998.
[125] 张清辉，王建品. 技术创新效率研究回顾与现状分析[J]. 商业时代，2011（1）：94-96.
[126] Schmookler J. Invention and economic growth[M]. Cambridge：Harvard University Press，1966.
[127] Koeller C T. Innovation，market structure and firm size：a simultaneous equations model[J]. Managerial and Decision Economics，1995，16（3）：259-269.
[128] 孙红梅，朱伟琪. 环保产业创新投资、产出和效率协同效应[J]. 上海经济研究，2015（11）：20-36.
[129] 王家庭. 我国环保行业的技术效率测度及提升：基于 30 省市面板数据的实证研究[J]. 经济问题，2011（6）：4-9.
[130] 肖更生，刘园，袁倩. 我国环保业上市公司技术效率与规模效率的分析[J]. 中南林业科技大学学报（社会科学版），2011（6）：89-91.
[131] 张根文，李双双，曾行运. 基于价值链视角对技术创新效率两阶段分析：以节能环保上市公司为例[J]. 工艺技术经济，2015（8）：108-116.
[132] 齐齐，赵树宽，李其容. 战略性新兴产业企业创新效率评价研究：以东北地区为例[J]. 中国流通经济，2017（10）：65-72.
[133] 甘绍宁. 战略性新兴产业专利技术动向研究[M]. 北京：知识产权出版社，2013.
[134] 刘艳梅，余江，张越，等. 七大战略性新兴产业技术创新态势的国际比较[J]. 中国科技论坛，2014（12）：68-74.
[135] 王海军，成佳，邹日崧. 基于专利视角的战略性新兴产业协同创新[J]. 沈阳工业大学学报（社会科学版），2018，11（5）：452-458.
[136] 林卓玲，李文辉. 创新驱动背景下广东环保产业技术创新能力研究[J]. 科技与经济，2019，32（187）：21-25.
[137] Chamers A，Coopor W W，Rhoder E. Measuring the efficiency of decision making units[J]. European Journal of Operational Research，1978，2（6）：429-444.
[138] Banker R D，Chames A. Some models for estimating technical and scale inefficiency in data envelopment analysis[J]. Management Science，1984，30：1078-1092.
[139] 陈伟，冯志军，姜贺敏，等. 中国区域创新系统创新效率的评价研究：基于链式关联网络 DEA 模型的新视角[J]. 情报杂志，2010（12）：24-29.
[140] 王瑞良. 中国高技术产业技术创新效率的区域差异性及影响因素研究[D]. 广州：广东外语外贸大学，2017.
[141] 宇文晶，马丽华，李海霞. 基于两阶段串联 DEA 的区域高技术产业创新效率及影响因素研究[J]. 研

究与发展管理，2015（3）：137-146.
[142] 中国环境保护产业协会. 2015 年中国环保产业发展指数报告.
[143] 中国环境保护产业协会. 2016 年中国环保产业发展指数报告.
[144] 滕飞，刘志高，刘毅，等. 中国太阳能产业技术创新能力与竞争态势：基于专利信息分析的视角[J]. 经济问题探索，2013（11）：84-90.
[145] Hall B H，Jaffe A B，Trajtenberg M. The NBER citation data file：lessons，insights and methodological tools[R]. US：National Bureau of Economic Research，Working Papers 8498，2001.
[146] 王静宇，刘颖琦，Kokko A. 基于专利信息的中国新能源汽车产业技术创新研究[J]. 情报杂志，2016，35（1）：32-38.
[147] 梁晓捷，王兵. 基于专利信息的国内外钢铁产业技术创新能力评价[J]. 管理学报，2017，14（3）：382-388.
[148] Lanjouw J O，Mody A. Innovation and the international diffusion of environmentally responsive technology[J]. Research Policy，1996，25（4）：549-571.
[149] 董颖. 环保产业技术创新特征及对策研究[J]. 生态经济，134-141.
[150] 常杪，杨亮，孟卓琰，等. 中国环保科技创新的推进机制与模式初探[J]. 中国发展，2016，16（6）：4-10.
[151] 腾建礼，王玉红，刘来红，等. 我国环境保护产业发展状况分析[J]. 中国环保产业，2016（9）：5-10.
[152] 李宝娟，王政，王妍，等. 我国环保产业的市场化发展及对策[J]. 中国环保产业，2016（6）：36-41.
[153] 裴莹莹，杨占红，罗宏，等. 我国节能环保产业的战略思考[J]. 中国环保产业，2016（1）：13-18.
[154] 舒英钢，刘学军，胡汉芳. 电除尘行业 2017 年发展综述[J]. 中国环保产业，2018（6）：25-34.
[155] 谭明智，易树平，李耀昌，等. 国外生态产业园的经验及其借鉴[J]. 探索，2014，180（6）：105-108.
[156] 赵玲玲，罗涛，刘伟娜. 中外生态工业园区管理模式比较研究[J]. 当代经济（下半月），2007，No.189（9）：88-89.
[157] 闫二旺，田越. 中外生态工业园区管理模式的比较研究[J]. 经济研究参考，2015，2684（52）：80-87.
[158] Meiji Sato，Yasuhiro Ushiro，Hiromi Matsunaga. Categorization of Eco-town Projects in Japan [J]. Green Technology for Resources and Materials Recycling，2004（24- 27）：101-107.
[159] 陈燕平. 日本固体废物管理与资源化技术[M]. 北京：化学工业出版社，2007：1-16，190.
[160] 岳文飞. 生态文明背景下中国环保产业发展机制研究[D]. 长春：吉林大学，2016.
[161] 蔡兵. 技术国际化与新技术企业技术创新策[J]. 南方经济，1997（4）：27-28.
[162] 董明珠. 技术是国际化的核心[J]. 现代企业文化（上旬），2016（Z1）：72-74.
[163] 张纪康. 产业国际化：理论界定、跨行业和跨国比较[J]. 教学与研究，2000（2）：36-42.
[164] 兰樟林. 中关村科技园区国际化发展模式探讨[D]. 北京：对外经济贸易大学，2008.
[165] 田野，肖煜，宫媛. 生态工业园区规划研究——以天津子牙循环经济产业区规划为例[J]. 城市规划，2009（s1）：14-20.
[166] 过国忠，李建荣. 创新国际化：“环保之乡”转型发展新动源[EB/OL]. http://scitech.people.com.cn/n/2014/1222/c1057-26248102.html，2014-12-22/2020-04-15.